JN040907

はじめに

この本は、農家の雑誌『現代農業』の記事などから、農家のさまざまなよもぎ活用法をまとめたものです。

よもぎは昔から私たちの暮らしにもっとも身近で、人気の高い野草のひとつです。日本全国どこにでも自生しているため、各地で幅広い使われ方がされてきました。草もちなどの料理・おやつへの利用から、お茶や風呂、座布団に入れたりなどの健康利用、活性液などの農業利用に加えて、販売のための栽培までとその用途は多岐にわたり、農家のよもぎ活用パワーはとどまるところを知りません。とりわけ、近年は健康志向の高まりに伴い、よもぎ風呂やよもぎ蒸しなど、よもぎが再び脚光を浴びつつあります。

本書では、よもぎの見分け方・摘み方、用途別の下処理や保存方法、色をよく仕上げるコツや薬効を高めるコツなどの基礎情報から、農家の考えたあっと驚くよもぎの活用方法までを幅広く紹介。健康利用のコーナーでは、腰痛が治ると話題の「よもぎ座布団」や、体の芯から温まり冷え性が治る「よもぎ蒸し」を安価でできる方法などを紹介。料理・おやつのページでは、ふわふわな食感の草もちを作るときに入れる驚きの材料から、よもぎの佃煮やよもぎジュースまで、よもぎをたくさん食べられるレシピを掲載。さらにはよもぎのエキスを使った野菜づくりの極意や、自生しているよもぎを早期出荷して稼ぐ方法など、よもぎの魅力や親しむ術が満載の一冊に仕上げました。

日々の暮らしや畑仕事に、ぜひ本書をお役立てください。

２０２３年３月

一般社団法人　農山漁村文化協会

(小倉隆人撮影)

目次

第3章　よもぎでおいしく

※執筆者・取材対象者の住所・姓名・所属先・年齢等は記事掲載時のものです。

よもぎの魅力

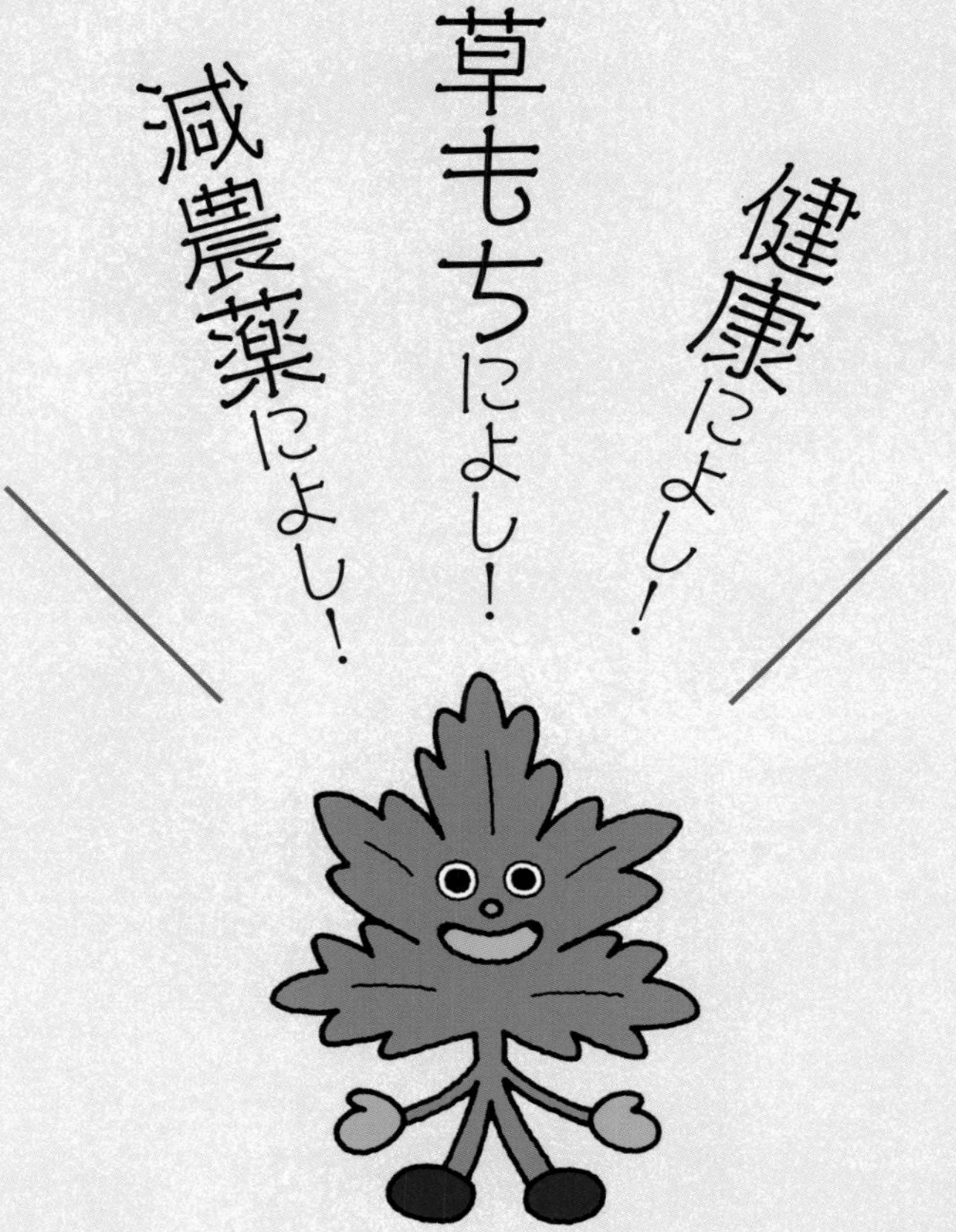

よもぎ座布団で腰痛が治っちゃった！

健康によし！

静岡●小縣きぬさん

愛媛県の鑓武彦さん（30ページ）が腰痛や脊柱管狭窄症を改善すると月刊誌『現代農業』で紹介していたよもぎ座布団。実際に作ってみた静岡県の小縣きぬさんは「こんなことがあるなんて！」とその不思議な効果に大喜び。

乾燥よもぎの詰まった座布団を手にする小縣さん。よもぎ座布団を敷いた上に寝たら、長年抱えていた腰の痛みが見事に消えた（依田賢吾撮影、以下すべて）

乾燥よもぎを詰めるだけ

とっても簡単、よもぎ座布団の作り方

材料はこれだけ。左から乾燥よもぎ、洗濯用ネット、座布団カバー。ネットとカバーは100円均一ショップでも手に入る

よもぎは鎌で枝ごと刈り取ってから、葉だけを摘んで天日で乾燥させる。4 ～ 5日も干せばカラカラになる。補充用も必要なので、できるだけたくさん刈り取り、干してとっておく

1 洗濯用ネットに乾燥よもぎをたっぷり詰め込む。葉についた毛が意外とチクチクするので、手袋をするとやりやすい

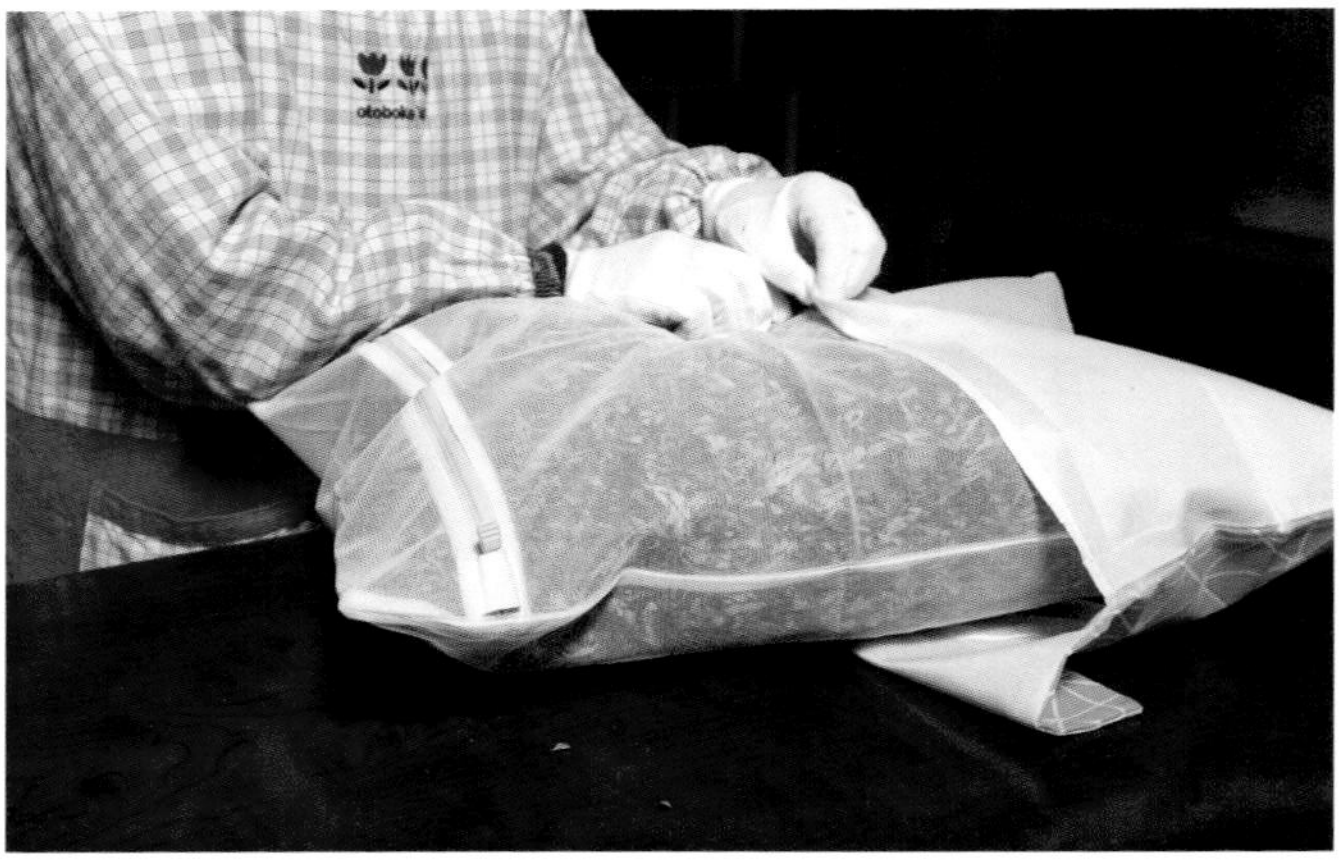

2 洗濯用ネットの上から座布団カバーをかぶせる。二重構造にすることで、通気性がよくなり、汚れたら座布団カバーだけ外して洗えるので便利

あっという間に完成！

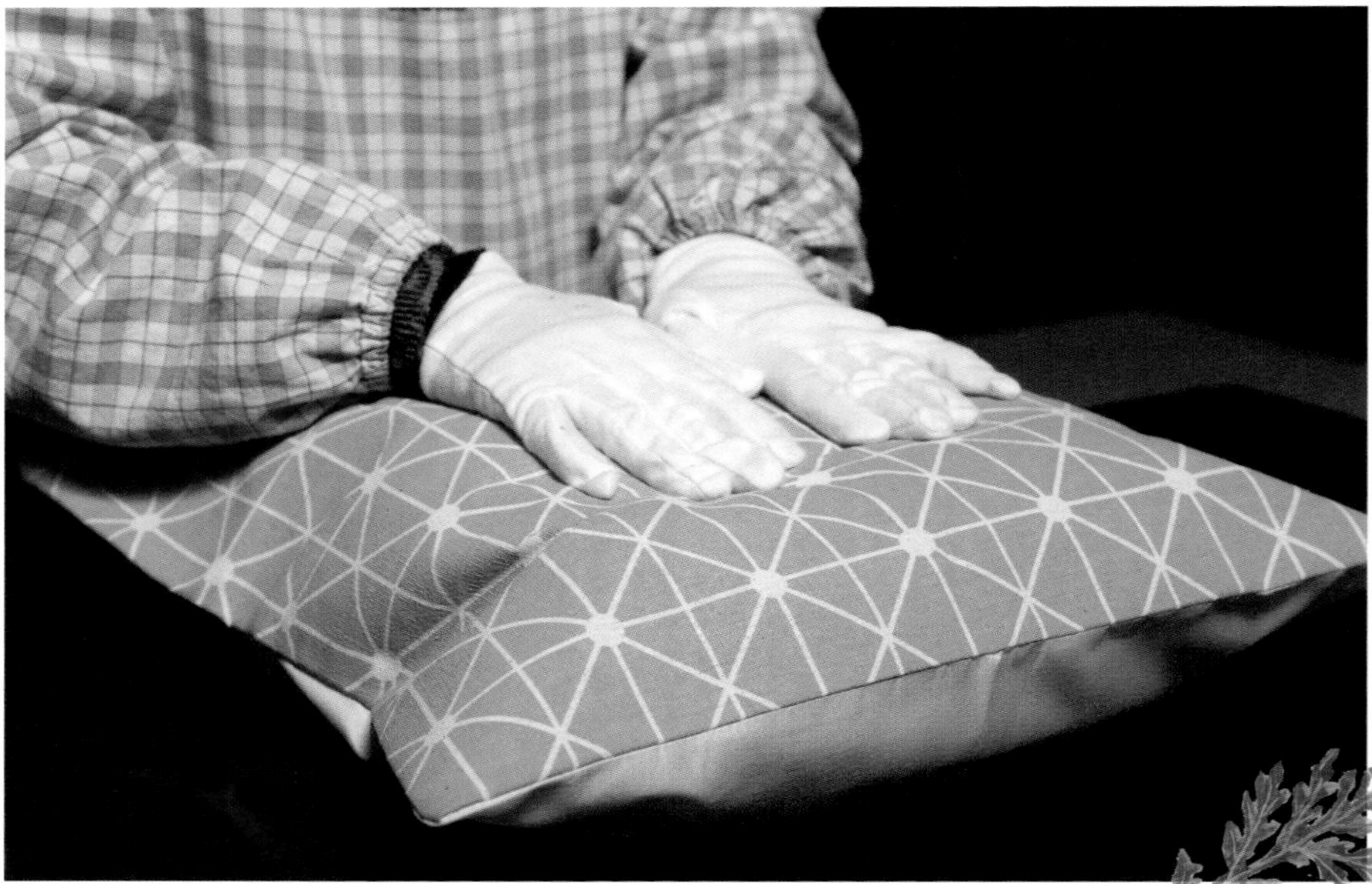

3 よもぎはタダだし、手間もほとんどかからない。「作らなきゃ損」と小縣さん

あとはぐっすり眠るだけ

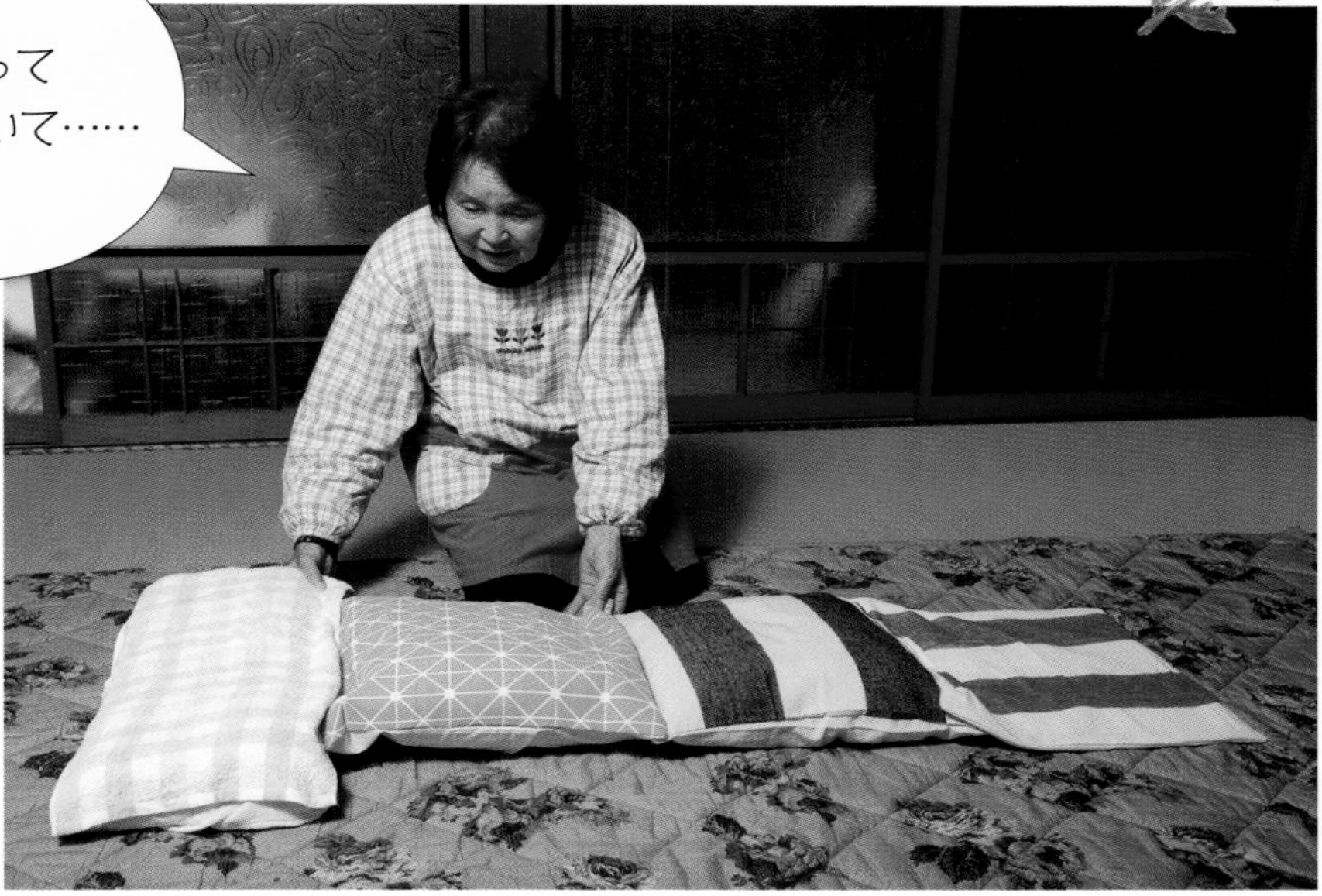
こうやって
座布団を敷いて……

小縣さんは 3 つ作って背中、腰、膝の部分に敷いて寝ている

あとは寝るだけ。
香りもいいし、温かくて
とても気持ちいいの

よもぎ座布団の詳しい効果や使い方は p30 ～ 35 をご覧ください

草もち によし！

ふわっふわの草もちでお客さんを獲得

大分●佐藤多喜さん

佐藤多喜さん。民宿「蓬」で草もちを振る舞うほか、毎日直売もしている（すべて小倉隆人撮影）

よもぎは幾種類もあるが、多喜さんは右端のように葉っぱの丸っこいものを中心に使う。葉っぱがやわらかい。左端のカワラヨモギは硬いのであまり使わない

色よし、香りよし、やわらかい、の三拍子揃った草もち

やわらかさの秘密は、
よもぎのゆで汁

多喜さんの草もちについては、
p58 ～ 61 をご覧ください

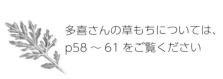

よもぎ天恵緑汁で減農薬野菜づくり

減農薬によし！

東京●福田 俊さん

すくすくと健全に育つ野菜が自慢の福田俊さん。
そのヒミツは、春の野原に生えるよもぎをふんだんに使った植物活性液・天恵緑汁だという。おかげで野菜は無農薬なのにとてもきれい。

材料はよもぎと黒砂糖だけ（写真はすべて福田俊さん提供）

1 植物活性液として

福田さんは東京の練馬区の貸し農園で、菜園歴27年、無農薬栽培歴13年のベテラン

2 ボカシ肥料の発酵材として

ボカシは畑の元肥に

3 できたボカシで生ゴミリサイクル

台所で出た生ゴミにボカシを混ぜ合わせる

よもぎ天恵緑汁で育った野菜は葉の色が淡いのが特徴。葉ものはアクが少なく生食もできる

よもぎ天恵緑汁の作り方

❶ よもぎを摘む

原料はよもぎが定番。植物の生長点であればどんなものでもできるが、よもぎは野原に行けばふんだんにとれるのがいい。3～5月の新芽が吹く時期に摘む

❷ 材料を用意する

摘んだよもぎと、瓶（カメ）と黒砂糖。よもぎにいる土着の微生物を生かすので、よもぎは洗わない

❸ よもぎと黒砂糖を交互に入れる

黒砂糖はよもぎの重さの3分の1あればよい

❹ 重石をのせる

重石をのせてフタをして約1週間でできあがり

❺ 発酵液を抜き取る

コックが付いたバケツ（EMジャパン製）に移し替えると発酵液の抜き取りがしやすい

これが天恵緑汁

発酵液は濃い黒褐色で、サイレージの乳酸発酵の芳香がする。春にぐんぐん伸びるよもぎの生長促進物質がぎゅっと詰まっている

天恵緑汁の詳しい使い方は、p72 ～ 75 をご覧ください

第1章
よもぎの摘み方・下処理

何に使いたいかによって
下処理が変わるんです

よもぎは こんな 植物です

岡山●松原徹郎

乾燥した場所を好み、旺盛に広がる

大阪府高槻市のベッドタウンから岡山県美作市の上山《うえやま》集落へ移住し、薬草茶の販売、クワ茶オーナー制、よもぎ蒸しなどを手がける「草楽」を経営しています。

よもぎほど身近に利用されてきた植物もないかもしれません。たいていの方が「草もち」にして食べたことがあると思います。香りがよく日本の代表的な摘み草として知られていますね。

日本にはよもぎが広く分布しており、北日本には大型のオオヨモギが分布しています。乾燥したところに好んで生え、地下茎で旺盛にその生育範囲を広げます。

近年は緑化のための植物としてよもぎのタネが中国や朝鮮半島から持ち込まれ、道路の法面などに播かれたりもしました。以前、植物分類学の識者に「西日本で背丈を超えるような大型のよもぎは大陸から持ち込まれたものだ」といわれたことがあります。一口によもぎといってもタンポポと同様、遺伝子レベルではいろいろな種類がありそうです。

古くから世界各地で薬草として重宝されてきたとても身近な草

内用、外用さまざまな薬効

よもぎは西洋・東洋を問わず古くから用いられてきた薬草でもあります。ギリシャ神話でも女性の健康の守護神アルテミスに捧げられたとされ、「ハーブの女王」と呼ばれています。東洋では艾葉《がいよう》という名前で知られる薬草で、艾とは「やまいを止める」という意味だとされています。

よもぎには身体を温める作用があり、食べるか飲むかすることで、健胃・整腸・利尿・通経（月経を促す）・強壮などの効果を発揮します。高血圧や神

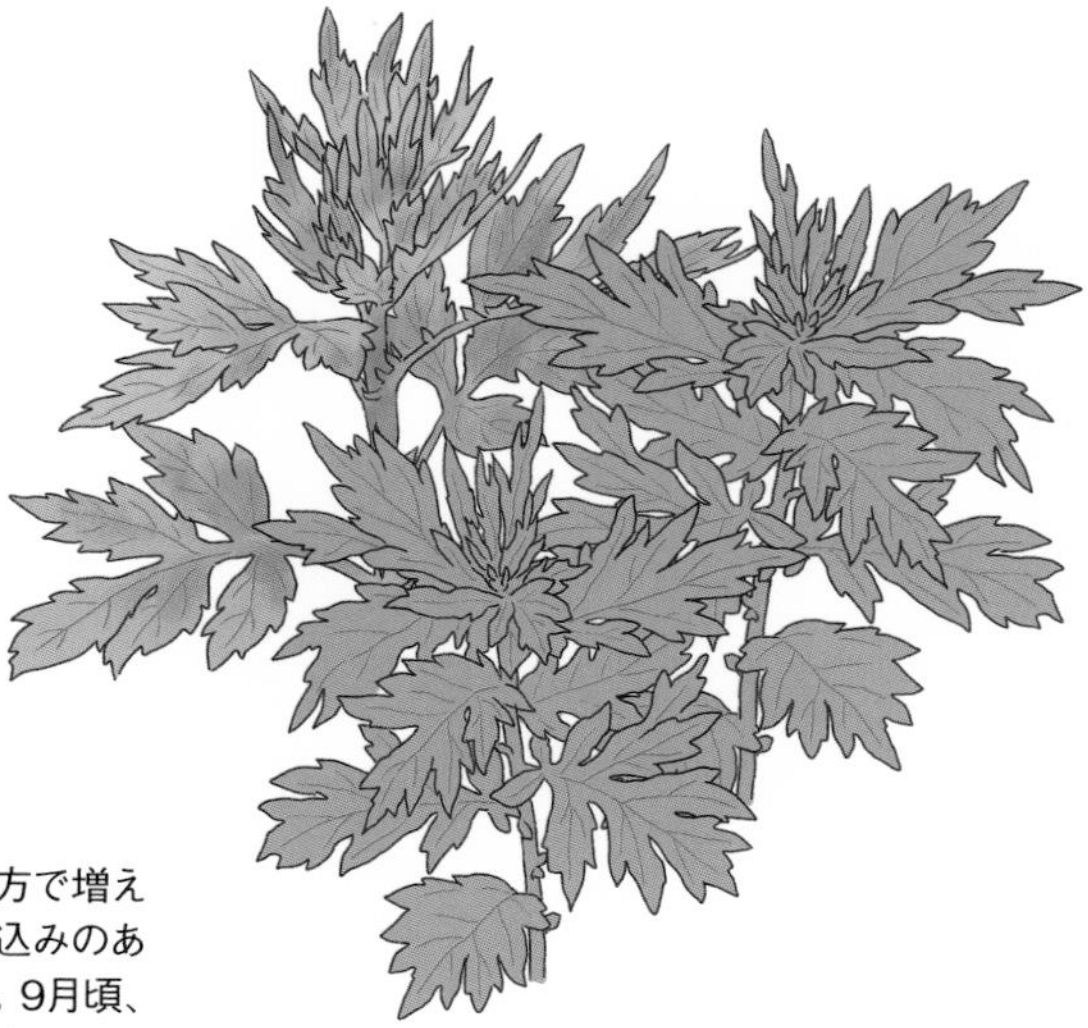

よもぎ

キク科ヨモギ属。
種子と根茎の両方で増える多年草。切れ込みのある葉の形が特徴。9月頃、たくさんの花をつける

よもぎの花

イラスト　久郷博子

経痛、痰切りにも効くとされています。

また、葉の汁に含まれるタンニンの止血作用も有名です。私も刃物で手を切ったときはよもぎの葉を摘んできて手で揉み、出てきた汁を傷口につけます。あっという間に血が止まり、その後の傷の治りも早まります。

骨粗しょう症には新芽

沖縄県では食材として一年を通して料理に用いられます。沖縄県の長寿はよもぎによるものが大きいのではないかと話題になったこともありました。

よもぎにはさまざまなミネラルが多量に含まれているようで、とくに春から夏に次々と出てくる新芽部分を摘みとって１日数個ずつ食べると、高齢女性に多い骨粗しょう症が改善します。

私も薬草の師匠である村上光太郎先生（52ページ）にこのことを教えていただき、実際に数人の方に紹介して試してもらったところ、ほとんどの方の骨密度が正常な値まで改善しました。骨粗しょう症にお困りの方は一度試されるとよいと思います。

梅雨明け頃までの葉や新芽を採集

よもぎの採集時期はわが家の場合４～６月。新芽をとる場合は新芽がよく出る７月頃まで。

４～５月頃は地上から出たばかりで葉がやわらか。天ぷらなどにしてその日のおかずにしています。また、葉をお湯でサッとゆでて、手でよく水気をしぼります。ボール状になるのでそのままフリーザーバッグに入れて冷凍保存もします。自然解凍すれば、いつでも草もちやパスタの材料になります。

６～７月は葉も茎も硬くなってくるので、新芽だけをとります。８月以降にとれる葉は摂取すると身体が温まりすぎてかえって害が多くなるので、わが家では梅雨が過ぎたら採集はしていません。

筆者と妻。（黒澤義教撮影）

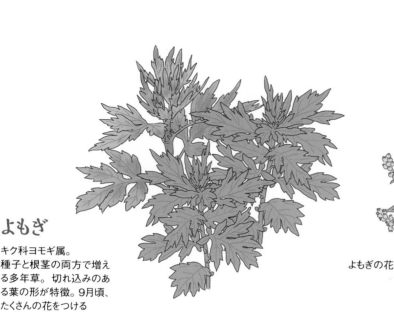

どんな草？

よもぎ

まとめ・編集部

みずみずしい香りのよもぎの精油成分にはリラックス効果がある。まさに和製ハーブ

よもぎは昔から食材として、薬草として、日本中で利用されてきた。カルシウム・鉄分が非常に豊富。β-カロテンも多い

アイヌの人たちも…

よもぎの葉や茎を大鍋で煮立て、上半身はだかになってその蒸気を吸うのが風邪薬

沖縄では…

よもぎもちも作るが、脂っこいやぎ汁にも香りの強いよもぎは相性がいい。よもぎの葉と黒糖を混ぜ、すり鉢ですった汁は、熱さましや夏場の疲労回復に

薬効は折り紙付き

生活習慣病やアレルギー、皮膚病、
婦人病など、あらゆる病気・
症状の予防・緩和に役立つ

よもぎの効能は漢方でも認められ、明の時代の薬用植物百科『本草綱目』には、幅広い利用法が紹介されている

よもぎ葉には抗ガン作用があることや、ガンの原因となる活性酸素を消去する活性が高いこともわかっている

子どもの頃からなじんだ草

よもぎをもんだ汁を
水中メガネの内側に
塗るとくもり止め

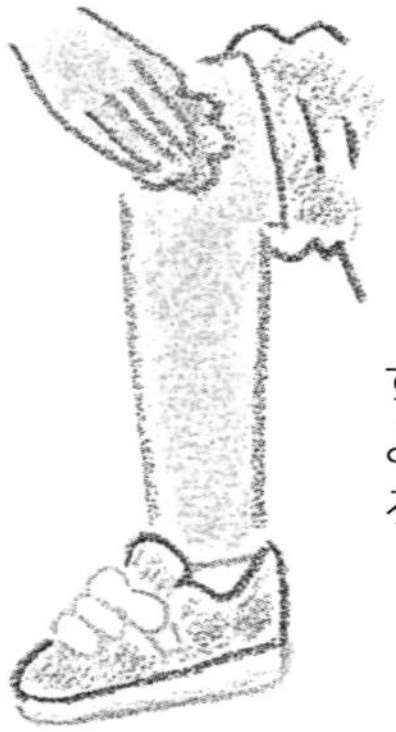

すり傷や切り傷には、
よもぎをもんで当て
ろといわれた

※よもぎの病気・症状別利用法は『増補版　図解よもぎ健康法』（大城築著、農文協）をご覧ください。

よもぎ摘み入門

まとめ・編集部

参考・『食べて健康！　よもぎパワー』『増補版　図解よもぎ健康法』（ともに大城築著、農文協）

（小林キユウ撮影）

よもぎの品種

日本では沖縄から北海道まで全国どこでも生えていて、春の新芽を摘んで、もちや団子が各地でつくられてきました。

よもぎは種類が多く、日本だけで30種以上、世界には３００種以上の品種があると言われています。一般的に「よもぎ」と呼ばれるのは、本州から九州、沖縄、小笠原に分布するカズザキヨモギのことです。風味がよく、もちの材料にされるのはこのよもぎです。河川敷などに多く生えるカワラヨモギも料理に使えますが、薬効が高いことから、食用よりも漢方薬の材料によく使われました。

北海道など寒い地方でよく見られるのは、オオヨモギです。葉が大きく、香りはあまり強くありません。北海道ではよもぎと言えばこれを指し、アイヌ語で「ノヤ」と呼ばれます。乾燥させて保存食にするほか、虫下しや止血の薬にしたり、魔よけとして儀式に用いられました。

沖縄など温かい地域に自生するニシヨモギは、苦みが少なく、香りはカズザキヨモギよりも少しマイルド。生長した葉もやわらかいのが特徴です。沖縄では「ふーちばー」と呼ばれ、沖縄そばやひーじゃー汁（やぎ汁）のトッピング、じゅーしー（炊き込みご飯）の具など、野菜やハーブのように使われます。

ほかにも、英語名でそれぞれワームウッド、マグワートと呼ばれるニガヨモギやオウシュウヨモギは、ヨーロッパに自生するよもぎで、日本では園芸店で売られています。

生の葉を使うものは、生え初めのカズザキヨモギの新芽か、手に入るなら苦みの少ないニシヨモギを使いましょう。22ページから紹介する摘み方や下処理の方法を参考に、ぜひ自分で摘んで料理に使ってみてください。

日本のよもぎいろいろ

(PIXTA)

オオヨモギ（ヤマヨモギ）

分布 本州（近畿以北）、北海道

日当たりのよい山地や丘陵地の草地に生える。葉の形、香りはカズザキヨモギによく似ているが、背丈は２ｍを超えることもあり、１枚の葉も大きい。新芽をもちの材料にする

カワラヨモギ

分布 本州～沖縄

海岸や川岸の砂地に多く、乾燥した場所にも生える。葉は細く、毛はほとんどない。新芽を食用にもできるが、よもぎの中でも薬効が高いとされ、秋に咲く花が漢方薬にも使われる

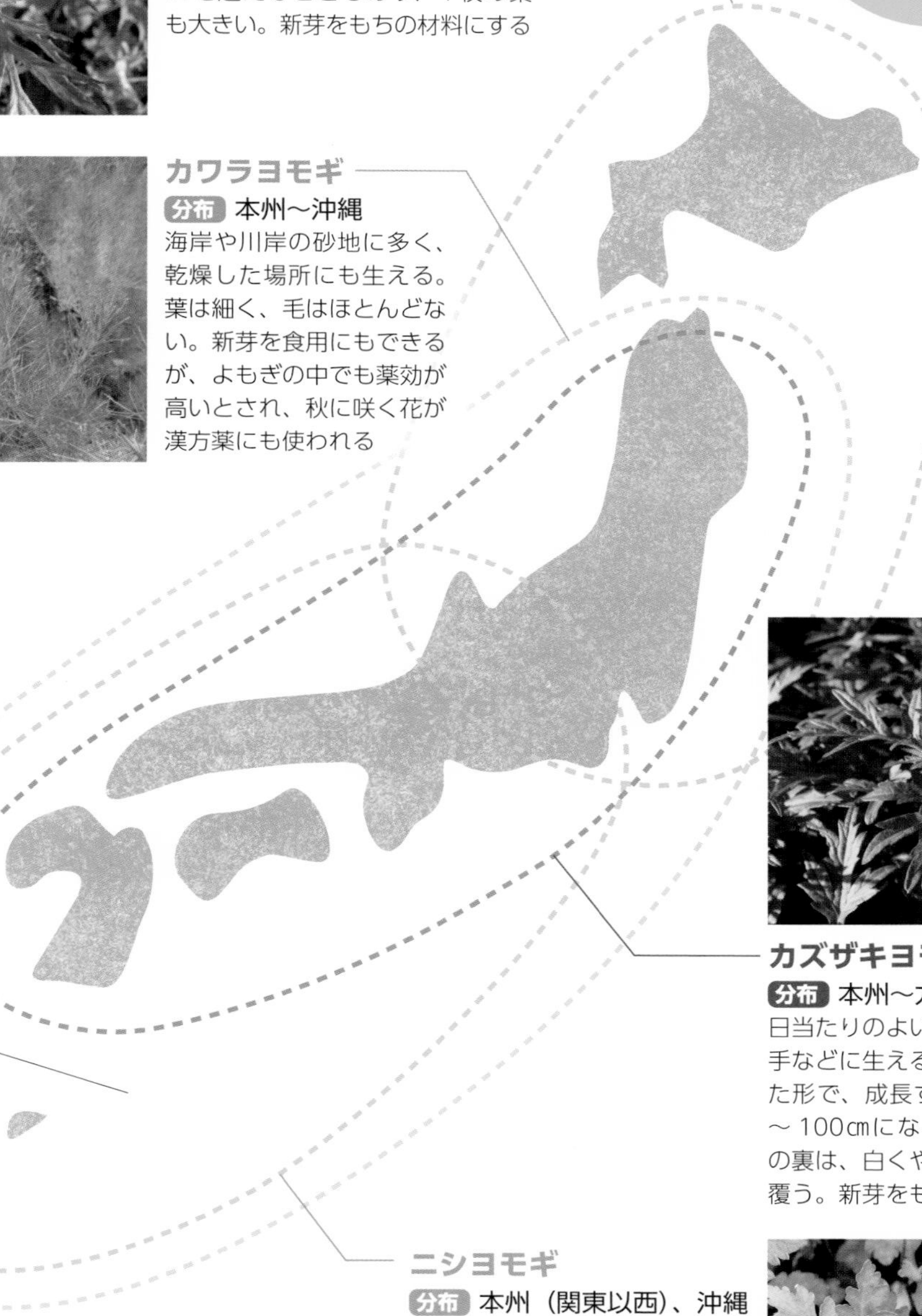

カズザキヨモギ

分布 本州～九州、小笠原

日当たりのよい草地や道端、土手などに生える。葉は春菊に似た形で、成長すると背丈は50～100㎝になる。成長した葉の裏は、白くやわらかな繊毛が覆う。新芽をもちの材料にする

ニシヨモギ

分布 本州（関東以西）、沖縄

日当たりのよい草地や道端、土手などに生える。畑で栽培もされる。カズザキヨモギよりも葉は大きめでやわらかく、苦みが少ない。新芽以外も日常の料理に使われる

(PIXTA)

春〜夏の姿

春先のよもぎの姿（PIXTA）

●摘む時期・場所

3〜5月（寒冷地では4〜6月）の、新芽が出る頃が摘みどきです。その年に出たばかりの新芽はやわらかくアクも少ないので、全体を食べられます。春を過ぎても芽は出続けますが、気温が高くなると害虫や強い紫外線から身を守ろうとするため、タンニンなどのアク成分が増えます。また、葉や茎も大きく固くなるので、食べるなら小さな芽の集まった先端部を摘みましょう。乾燥させてお茶にしたり酒を仕込んだり、香りを楽しむ雑貨を作ったりするには、固くなった夏の葉も使えます。

よもぎは、日当たりがよく乾いた場所を好みます。酸性の土を好み、スギナやクローバーが生えるような草地に生えます。地下茎で増えるので、毎年同じ場所で群生することが多いです。

移植しても育ちます。根ごと掘り上げ、庭や畑に植えると、毎年安心して摘めるのでおすすめです。植えたよもぎが根付かないのは、日当たりや水はけが悪いことが原因のようです。鉢やプランターに野菜用培養土を入れ、日当たりのよい場所に置いて育ててみてください。

●見分け方・摘み方

摘んだ葉をちぎったりこすったりすると、よもぎ特有のさわやかな香りがします。葉の形は他のキク科の草と似ていますが、よもぎの特徴は葉裏の繊毛です。白くやわらかい繊毛が、生え初めの頃は小さな葉全体を、成長すると葉裏全体を覆います。葉の切れ込みは個体差があり、成長するにつれて深くなります。

比較的見分けやすい草ですが、初めての人は経験者に教わると安心です。

新芽が出たばかりの春先のよもぎは、全体を使うことができます。草の根元から爪を立ててプチっと摘みます。春以降、成長したよもぎは、小さい芽の集まった先端をつまみ、プチっと自然に折れるところで摘みます。摘み取った後はその日のうちに下処理します。

草摘みの心得

●根こそぎ摘まない

新芽を摘んでも、10日ほどすればまた新たな芽が生えてくるが、根こそぎとり尽くすと翌年から同じ場所で摘めなくなってしまうことがある

●場所を確認する

道路脇などは、犬や猫が用を足したり、除草剤がかけられたりしている場合があるので避ける

よもぎの葉裏。ふわふわした手触りで、白い繊毛が生えている

（小林キユウ撮影）

●他の草と間違えない

同じキク科のブタクサはよもぎと同じような場所に生え、葉の形も似ている。毒はないが、よもぎのような香りと葉裏の白い繊毛はない。また、野原や道端に生えることは稀だが、毒草のトリカブトも新芽がよもぎに似ているので注意。トリカブトは山野の湿った草地に生え、香りや葉裏の繊毛はない

●一度にたくさん食べない

よもぎは、タンニンなどアクになる苦み成分や、精油成分を多く含むので、生葉を一度にたくさん食べると体に合わないこともある

よもぎの下処理

下処理の方法は、よもぎを何に使うのかによって変わってくる。用途ごとの下処理の方法を左の図にまとめた。（すべて小林キュウ撮影）

選別する・洗う

❶枯れた葉は落とし、別の草やゴミなどはよける。
❷水を張ったボウルによもぎを浸し、やさしくもむように洗う。水を替えて、ゴミや砂などが底に沈まなくなるまで洗う。
◎若葉や新芽なら、布巾などで水気を拭いてそのまま料理に使える。

お茶などにする際におすすめ。蒸した葉は生葉より乾きが早く、色も鮮やかに残る。粉にすればクッキーやケーキなどにも使える。えぐみが強いうえに固いので料理には不向き。

やわらかくなりアクが抜けるので、料理に使いやすい。ペーストにすることで、もちや団子に使える。

薬用のお茶やお酒、入浴剤など、薬効を利用したいものに使うときにおすすめ。ゆでるとミネラルが溶けだしてしまう。

生葉を干す

葉をザルに並べるか、数本ずつ輪ゴムで茎を束ねて逆さに吊るし、軒下に干す。春なら約２週間、夏は約１週間でカラカラに乾く（写真左）。
◎薬用のお茶や酒、入浴剤など、薬効を利用したいものに使う。また、生葉は乾燥に時間がかかるため、梅雨明け後がおすすめ。

乾燥よもぎくん

粉にする

❶乾燥葉をハサミで細かく刻み、電動ミルにかける。すり鉢ですってもよい。
❷茶こしでふるうとワタ状の繊維が残る。繊維を再度ミルにかけ、粉が落ちなくなるまで繰り返しふるう。乾燥葉約６～７gが、よもぎ粉大さじ約１杯分になる。

◎クッキーやケーキなどに使える。

蒸してから干す

❶蒸し器に蒸し布を敷き、洗ったよもぎをふわっと盛る。
❷よもぎに火が通るまで５分ほど蒸す。火が通ると葉が湿り、白い葉裏が濃い緑色に変わる。
❸ザルに広げ、軒下で干す。春なら４～５日、夏は２日ほどでカラカラに乾く。生葉約 50g が、蒸して干すと約 10g になる。

◎蒸した葉はゆでるよりえぐみが強く残り、固いので料理には向かない。

ペーストにする

❶ゆでたよもぎを包丁で細かくたたき、すり鉢に移す。
❷適宜水を足しながらすり、なめらかにする。フードプロセッサーやミキサーを使ってもよい。

◎包丁でたたいた状態でも、もちや団子に使える。すり鉢やフードプロセッサーを使うとよりなめらかになり、口当たりがよくなる。

ゆでる・アクを抜く

❶鍋にたっぷりの湯を沸かし、塩を小さじ１加えると色がよくなる。菜箸で泳がせながら、ゆで汁が黄色くなり、葉裏が鮮やかな緑色に変わるまで２～３分ゆでる。
❷冷水にとり、全体が水に浸ったら、手で軽くしぼる。生葉約 50g が、ゆでると約 20g になる。

◎アク抜きしたよもぎは加熱しすぎると風味が落ちるので、煮込む料理では仕上げの段階で加える。細かく刻んだほうが食べやすい。

よもぎ 保存のコツ

保存の基本

乾燥葉、粉末の保存

乾燥葉は、乾燥剤と一緒に蓋つき瓶または密閉袋に入れて冷暗所で保存する。粉末は瓶に入れて密閉する（小林キユウ撮影）

ゆでた葉、ペーストの保存

ゆでた葉を20～30gずつ丸めて、密閉袋に入れる。ペーストはそのまま袋に入れ、平らにならして冷凍する。自然解凍して使う（小林キユウ撮影）

保存の工夫

1年分のよもぎを 洗濯機で脱水してから冷凍保存

静岡●鈴木貞子

水にさらさずに、ジャブジャブ洗う

私は農協系列の直売所5カ所に毎日、白もち、赤飯、大福、よもぎ大福を出しています。草もちもよく作ります。

よもぎは冬を除き、見かけることができますが、やはり春一番の「みる芽」が一番。色も香りもよいのです。この時期に1年分をストックするわけです。

私は近所のおばあちゃんたちに頼んで、3月半ばから一番茶の摘採がはじまる4月25日まで、よもぎを集めてもらいます。合計すると、毎年270kgほどを即金で買い取り。1kg400円ですが、2日で1万円稼いでしまう83歳のおばあちゃんもいます。

買い取ったよもぎはすぐにゆでて、やわらかくなったら冷水にとります。昔の人は長い時間水に浸してアクを抜いていたようですが、それだと緑色の葉緑素まで抜けてしまいそうです。それに、私は次から次へとたくさんの量をゆでるので、水にさらすとなると、バケツがたくさん必要になりますし、場所もとります。だから、私は4回ぐらい水をかえてジャブジャブと水洗いするだけです。

洗濯機で脱水してから冷凍

洗い終わったら、水切りをして、冷凍しますが、その前に洗濯機です。以前は、水を含んだまま冷凍したほうが品質が保たれると思っていましたので、解凍してからギュッと手で水をしぼっていました。しかし、これだとストッカーに入れるとかさばってしまいます。

洗濯機で脱水するようになってからは、冷凍スペースが半分ですむようになりましたし、その分、節電にもなります。それに、朝の2時に起

ゆでて、水洗いしたよもぎ4～5kgをたまねぎのネットに入れ、洗濯機で脱水する。20秒ほどですっかり水分が抜ける

きて、9時までの間に5店舗分の加工品を作る私にとって、手でしぼる手間と時間が省けるのは大助かりです。もちの品質にも変わりはありませんでした。

　私は歯ごたえのあるもちが好きです。蒸かす前のもち米もしっかり水切りしますし、もちをついている最中にもちつき機に備え付けの扇風機をまわして、冷やしながらついています。手水も1回もしません。

　このようにして作った水分の少ないコシのあるもちがお客さんにも喜ばれますので、よもぎの水分もしっかり絞りたいと私は考えています。

　解凍したよもぎはそのまま使えます。あえて包丁で刻まなくても、ついている最中にこなれます。わずかな繊維は、むしろあったほうが私は好きです。

ミキサーでトロトロにしてから冷凍

岩手●佐々木ナカ

　私はよもぎを冷凍する前に、ミキサーにかけています。解凍しやすく使いやすいからです。

　この方法なら、ゆでたよもぎをいちいち量らなくても、等分ずつとっておけます。冷凍庫の中でも場所をとらずに、美しく並べられます。

　また使うときも、平べったいので解凍が早いです。私はもちやまんじゅうなど、いろいろなものを作って自分なりに楽しんでおります。また、私は食の匠をしておりますので、小学校の子どもたちとおやつ作りもしました。たまには、知り合いの結婚式などでたくさんの加工品を作ってくれと頼まれることもあります。そんなとき、この冷凍よもぎを使うと、とても役立ちます。

❶摘み取ったよもぎを重曹を入れた熱湯でゆでる
❷６～７時間、水に浸けてアク抜き
❸水切りして、トロリとするまでミキサーにかける
❹バットに流し込み、表面を平らにして、冷凍庫に入れる
❺半分くらい凍ったら、切れ目をつけて、引き続き冷凍
❻がっちり凍ってから取り出し、ひっくり返す。バラバラ崩れるので、ひとつずつ小袋に入れて、冷凍

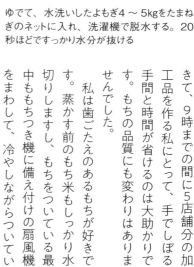

冷凍よもぎのもちは葉につかない

島根●木村節美

5~6月頃、よもぎがたくさん生えているときに葉を摘んで、アク抜きのために重曹を入れた湯でサッと湯がきます。よくしぼってから小分けにしてジッパー付きの袋に入れて冷凍します。

自然解凍して草もちを作り、サルトリイバラの葉でまいた「まき（チマキ）」にします。一度冷凍したよもぎを使って作ったもちは、なめらかな仕上がりで、なぜか葉につくことがありません。今では必ず冷凍したものを使うようにしています。

粉末・お茶にする際のひと工夫

奈良●深吉野よもぎ加工組合

粉末よもぎ

よもぎを蒸してから粉にする。蒸すことでアクは抜けるし、色がきれいな粉になる。

粉末加工は「ドラムドライヤー」を持っている県内の道の駅（當麻《たいま》の家）に委託するが、よもぎは繊維が多いので、微粉末にするのは難しいそうだ。お菓子屋さんからは微粉末の要望が強いのだが、それに応えるには冷凍粉砕機が必要で、今のところちょっと手が出ない。

ちなみに、普通の家庭料理に使うにはこの「粉末よもぎ」で十分。何に入れてもいい。不思議なことに、よもぎを入れると料理の味が「まったり」としてじつに引き立つらしい（よもぎ茶の残りを料理に入れるのもおすすめ）。加工所で「よもぎ粉末入りショウガ湯」を試作したら、独特な風味でおいしく、大人気を博したという。

よもぎは、蒸してから乾燥させ、粉にすると左のような色、そのまま乾燥させた場合は右のような粉の色になる（小倉隆人撮影）

第2章
よもぎで健康に

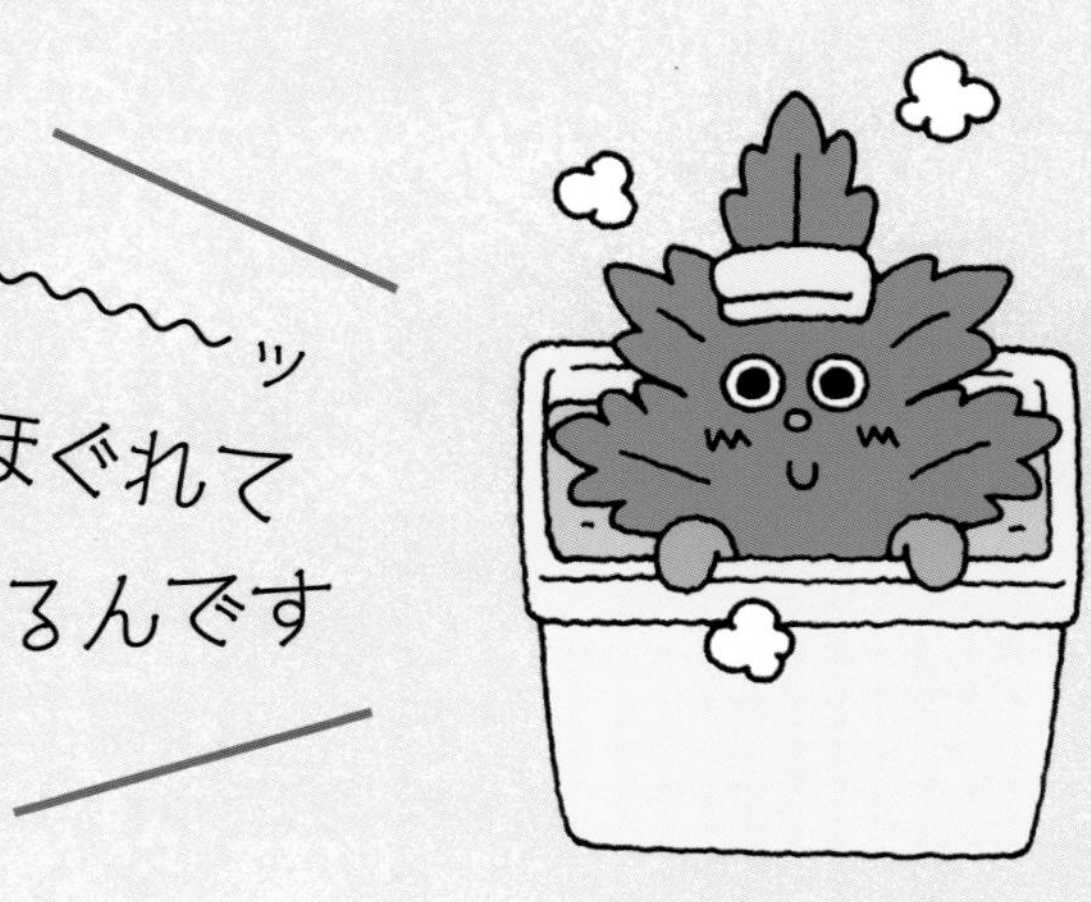

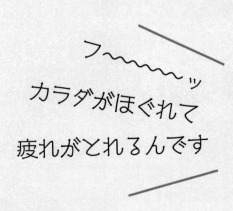

よもぎ座布団で脊柱管狭窄症《せきちゅうかんきょうさくしょう》を克服、禁煙にも成功

愛媛●鑓《やり》 武彦

イベントでよもぎ座布団を販売する筆者（76歳）

第1話 脊柱管狭窄症によもぎ座布団

足が痛くて歩けない

こんにちは。愛媛県の鑓武彦です。薬草をずっと取り扱っていますが、高齢になるにつれ、この6年間で私の健康に関わる2つの異変が起こりました。いずれも薬草で解決しました。

6年ほど前、旅行中に左足首が痛くなり、短距離の歩行も困難になって、同行中の皆さんと別行動をしました。帰宅後、よもぎをタオルで足首に巻いて養生しましたが、悪化の傾向が強く、2年後にとうとう足首の痛みや疼きで台所の流しに立つこともままならなくなりました。歩行は間欠跛行。よくお年寄りの方が杖を突き、うつむき加減で数歩ずつ歩いてはとどまり、また歩き出すという姿です。外出が必要なときは、足に負担をかけないよう自転車にまたがって移動するようになりました。

病院嫌いの私ですが、原因が知りたく、総合病院の内科を受診。外科にまわされ、レントゲン、翌週にＭＲＩ。その結果、第4腰椎に問題があり、加齢で背骨が変形し、神経が圧迫されているとのこと。

「すぐにできる治療はありません。血流をよくして摩擦を減らすぐらいです。しびれや痛みを改善するオパルモン錠を処方しましょう。この症状が出てからの整体は危険です」

一瞬真っ暗になりました。神経障害には複雑な要因があり、その場でハッキリとした病名は言われませんでした

背骨の神経が圧迫されると、足先までしびれて数歩ずつしか歩けなくなる（間欠跛行）

よもぎ座布団を使った寝方

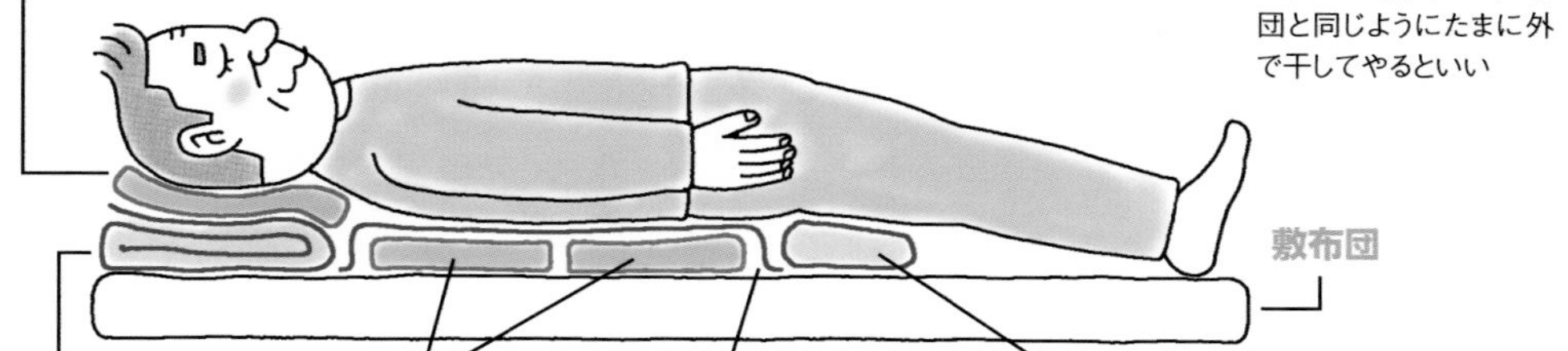
よもぎ座布団
枕は腰痛対策ではないが、癒しの香りで安眠効果が抜群。肩こりにもいい
※よもぎ座布団はそのまま1年くらい使えるが、布団と同じようにたまに外で干してやるといい
敷布団
タオル
枕の高さを調整
よもぎ座布団
背中と腰がポカポカ。整腸作用も促進され、毎朝快便
バスタオル
2つのよもぎ座布団が寝ている間にズレないように、大きめのタオルを上に被せる
タオル
よもぎ座布団と敷布団の高さを調整

が、家に帰りインターネットで調べたりして、脊柱管狭窄症であると自覚しました。まさか足の痛みが腰から来ているとはまったくの想定外。足首によもぎを巻いても改善しないのは当然です。高齢になると背骨の軟骨がすり減って腰椎が変形し、神経障害で歩けなくなるのは漠然と知っていました。まさか、四国の遍路、１４００㎞を歩き通した自分がこの病気になるとは。さて、どうする。

よもぎにすがり、3カ月で完治

手術をすれば比較的簡単に治せるようですが、体は傷つけたくない。入院もしたくない。でも、なんとかせにゃ……。このとき、所属している愛媛薬草愛好会で聞いた「慢性腰痛の主人をよもぎ布団に寝かせたら、いつの間にか壁のペンキを塗り始めた」という話を思い出し、よもぎにすがることに。季節は初冬でしたが、乾燥したよもぎのストックはいっぱいありました。以下のように対処しました。

▼まず、寝るときによもぎ座布団を敷いた。座布団カバーを2枚買ってきてよもぎを入れ、1枚は腰の下に、もう1枚は背中の下に敷いた。数日でよもぎはペシャンコになり、葉を追加して厚みをもたせた。しかし今度は座布団と布団の高さの違いで寝つきが悪い。この差はタオルを敷いてカバー。

▼血行をよくするため、普段飲んでいる薬草茶は継続。スギナ茶は、特有のケイ酸が血中酸素を増加させ、四肢五体を蘇らせる。よもぎ茶は、血液浄化と含有酵素が脂肪を燃焼させる。減量すれば腰部の負担軽減につながる（過去にメタボで減量達成）。

▼さらに、足が疼くときは、よもぎ座布団をもう1枚用意し、ゴム紐で左足首を包むように固定。

▼風呂にはスギナ、よもぎ、ビワの葉を煎じた液を入れ、38℃の低温でゆっくり入るようにした。

▼オパルモン錠も最初は飲み続けたが、途中で痛みが引いてきたので1カ月で飲むのを中止。

これを続けたら、疼きは徐々になくなり、歩いても痛みがなく、3カ月で日常生活に戻ることができました。

乾燥よもぎの温灸効果

よもぎ座布団を敷いて1カ月ほどで痛みがやわらいできたとき、畑にも行けると思い、少し無理をしたら、腰全体に違和感を覚えました。翌朝目が覚めたら起き上がれない。なぜだかわからないが、筋肉の調整が利かず、体に力が入らない。起きて立ち上がるのに30分は要した。これが3日間続きました。少しでも痛みがあるうちは、無理な姿勢や運動をしてはいけないようでした。かがんでの除草もよくなかった。要は患部の状態を安静にし、固定させることにあるみたいです。

この3日間は何とか耐え忍び、無理をせずによもぎ座布団を続けると、1週間ほどで痛みは消え、体も徐々に動くようになり、3カ月で復帰できました。

手術もせずに、どうしてここまで回復できたのか。考えるに、骨髄液が動き、第4腰椎の損傷部分を埋めてくれたとしか思えない。6年たった今でも再発していません。よもぎの効能は偉大で、信じてよかったと思います。

乾燥よもぎはお灸の原料であり、火をつけなくても温灸効果があると言われています。よもぎ座布団で体温が保持され、自然に治療されていたのだと思います。その後、農文協の『新よもぎ健康法』を読み、よもぎ染めした衣服にも同じ効果があることを知りました。今はTシャツやステテコなどを染め、その効果も実感しています。

道の駅でよもぎ座布団を販売

神経痛や冷えで困っている方は多くいます。よもぎ座布団を道の駅で販売することにしました。１００円ショップで売っているクッションカバーに２５０gの乾燥よもぎを入れ、価格は２１００円。追加用よもぎ（１００g、８００円）も用意し、私の体験や効能書きを入れました。それを見て、高齢の親へのお土産に買われる方が多いです。

よもぎは多用途に使用できるので、乾燥よもぎを大量に作っています。4月中旬～梅雨前によもぎの上部を切り取り、ポリ袋に入れて集めた場合は蒸れないうちに軸から葉を取ります。蒸れると薬効に影響します。そしてすだれに並べて天日干しします。風で飛ぶようになったら完全乾燥。4月中旬～梅雨前はよもぎの最盛期で、この時期を外すと採取量は減少します。同じ労力を使うなら、効率のいい時期に効率よく採取できる場所を見つけておくのがおすすめです。

第2話 よもぎタバコで禁煙に成功

ストレスなくやめられた

私は50年来の愛煙家です。チェリー、ハイライトを1日に20～30本吸っていました。最近は皆から禁煙！禁煙！のブーイング。そんななか、よもぎタバコのことを知りました。高齢になり、タバコの弊害も顕著になってきたので、軽い気持ちで禁煙に向かい、初めてよもぎタバコに挑戦。結果は、いとも簡単にストレスなしに禁煙に成功しました。

要因は、よもぎタバコを手作りしながらの喫煙行為にあると思います。よもぎには習慣性がないので、いつの間にかニコチン離れになっていたようです。

自分で巻いて作るよもぎタバコ

よもぎタバコは手で巻いて作ります。まずは道具を準備。タバコ屋で紙巻き器一式と、これまで吸っていたニコチン入りのタバコを1カートン（10箱200本）購入。吸いたくなったらよもぎタバコを吸います。よもぎタバコは吸っても違和感なし。ニコチンタバコはときどき吸うだけ。イライラしたらよもぎを巻いて気をそらす。

外出時はシガレットケースを持参して、基本的にはよもぎタバコを吸うようにしました。40日たち、とうとうニコチンタバコがなくなる。ここからが分かれ道。ニコチンタバコを買うか否か。私は買わなかった。吸いたくなったらよもぎを巻いて吸った。そうして2カ月もしたら、いつの間にかよもぎタバコも吸わなくなり、禁煙に成功していました。

禁煙をしたい方には、この禁煙方法を書いたメモと一緒に、乾燥よもぎを販売しています。先日、花見のイベントでよもぎタバコの実演をしたら、2人が禁煙に挑戦すると言って買ってくれました。

よもぎタバコの作り方
シガレットケース
乾燥よもぎ
糊付け用水
紙巻きタバコの紙（購入）
紙巻き器（購入）
1 乾燥よもぎ1ｇを溝に詰める
2 紙をセットし、糊付けの水をつけ、紙を巻き込む
3 ローラーを回転させる
4 完成

身近なよもぎの活力を生かす

私が薬草について多くの知識を得たのは、京都にあった「自然療法研究所」発行の『薬草と自然療法58』という本です。今は絶版になっていますが、よもぎについては以下のように書かれています。

「野草の代表。ものすごい活力で群生する。日照りが続いても枯れることがない。その活力はハンパでない（中略）。薬草としては百病に有効で、薬効はとどまるところを知らないほど」

こんな身近にある草の活力で、私はあの激痛から解放され、禁煙もできました。よもぎ座布団もよもぎタバコも、一度はやってみる価値ありです。

鑓さんのよもぎ座布団、試してみました

静岡●小縣きぬさん

p6に登場した小縣きぬさんの体験記！

笑顔の小縣さん。よもぎ座布団を敷いた上で寝たら、長年抱えていた腰の痛みが見事に消えた（依田賢吾撮影、以下すべて）

腰痛や脊柱管狭窄症を改善するというよもぎ座布団。実際に作ってみた静岡県の小縣きぬさんは、その不思議な効果に大喜び（6ページからの記事も合わせてお読みください）。

きっかけは『現代農業』の薬草特集

夫婦でお茶とシイタケをつくり、栗羊羹などの農産加工も行なう小縣きぬさん（74歳）。お勤め仕事も終わり、ようやく好きな農業と農産加工を楽しめるようになった。ただ、ひどい腰痛だけは悩みのタネ。お医者さんからは脊柱管狭窄症ともいわれ、3本ほど圧迫骨折した骨も見つかり、車の乗り降りも辛いほどの痛みに苦しんできた。

そんなとき、2019年7月号で愛媛県の鑓《やり》武彦さんが紹介してくれた記事を読み、乾燥させたよもぎを詰めて座布団を作って、その上に寝ると腰痛がよくなると知ったきぬさん。よもぎなら家のまわりで好きなだけとってこられると、さっそく夫と2人で枝ごと刈り取り、葉だけを摘んで天日干しして座布団をこしらえた。できたよもぎ座布団を実際に敷いて寝てみると、とにかく体がポカポカ。「汗がたくさん出るほど温まったんです」。

翌朝起きてみると腰が軽い。「朝ご飯がとってもおいしかったのにビックリよ。ご飯ってこんなにおいしかったんだって思えるくらい違ったの」と、

夫と2人で原木シイタケの収穫。よもぎ座布団のおかげで腰をかがめる作業もラクラクできる。好きなものをつくり、直売所などで販売する暮らしを存分に楽しんでいる

よもぎ座布団、愛用者拡大中

島根●藤本キヌヨさん

浜田市の藤本キヌヨさんは、ドクダミやスギナでお茶を作ったり、ミカンの皮を煮た液を野菜にまいてアブラムシ除けにしたり、身の回りのものの活用名人。今は『現代農業』で読んだよもぎ座布団を愛用中で、量産して友達に配るほどです。

よもぎを鎌で刈ってきたら、切り開いた米袋の上に広げて1週間ほど天日干し。洗濯用ネットに詰めて、お手製の布袋に入れて使います。毎晩寝るときに首と腰の下に敷くと、よもぎのいい香りと温灸効果でぐっすり眠れて痛みもとれるそうです。

乾燥よもぎはいつも米袋半分ほどストックしてあります。座布団がぺしゃんこになっても、2～3カ月に1度詰め替えて一年中使っているそうです。

ストックのよもぎが少なくなったらその都度収穫・乾燥して継ぎ足しますが、「本当は香りが強くてやわらかい4～6月のよもぎがおススメなのよ」と藤本さん。春が待ち遠しくなりました。

（文・農文協）

ペチャンコになったら、摘んだよもぎを補充

よもぎなのですぐにペチャンコにつぶれる。温かさは変わらないが寝にくいので、つぶれてきたら追加の乾燥よもぎを詰めて補充する

よもぎの力で元気ハツラツ。それからしばらくよもぎ座布団で寝ていたら、すっかり腰痛も消えてしまったという。「その後、お医者さんに診てもらったら、圧迫骨折も治っていたの。お医者さんがいったい何をしたんですか？って聞いてくるから驚いちゃった」よもぎの効果を確信したきぬさん。まだ残っていたよもぎもぜんぶ刈り取って、夫用を作ったり、補充に使ったり。よもぎ座布団が今ではすっかり手放せなくなったという。（編）

身体の痛いところに、車酔いに
よもぎマフラー

山形●阪本美苗

わが家では、食用・飲用・外用と大活躍してくれるよもぎですが、ちょっとおもしろい使い方をご紹介。

乾燥させたよもぎを細かく切って布袋に入れたよもぎ袋の作り方と活用法です。

カラカラのよもぎを布袋に

よもぎは梅雨前に干すとカビやすいため、梅雨が明けた土用の頃が干し時です。つい遅れて秋に採ったりもしますが、あまり遅いと茎が硬くなります。

なるべく朝早く（草の薬効が高いそうです）よもぎを刈ってザルなどの上に広げ、日に当てて干します（もし汚れている場合は、水洗いして水分をふきとってから）。水分がとれたら少しずつ束ねて陰干しします。

さわってみてカラカラになっていたらできあがりです。天気にもよりますが、1週間から10日くらいです。

干し上がったよもぎをハサミで3〜4cmに切って、できれば軽く炒ってから布袋に入れます。体に当てたときに痛くないように、たたきながら平らになるように調整します。

痛みを緩和、車酔いにも効く

このよもぎ袋は、枕にすれば素敵な香りに包まれてよく眠れますし、お腹や腰の痛いところに当てておくと、なぜかポカポカしてきて痛みがやわらぎます。

よもぎマフラーを首にかけた筆者

手ぬぐいなど、細長い布の中に干しよもぎを入れて筒状に縫い、よもぎマフラーにして首から肩にかけると、不思議に肩こりがラクになります。よもぎマフラーは車酔いにもよくて、クルマに弱い私は、長時間乗車するときにずいぶん助けられました。

よもぎにはどうしてこんなに不思議な効果があるのでしょう。わが家では春、田んぼに雑草を刈って入れるのですが、そのときよもぎから油が出ることに気づきました。よもぎは草の中でも葉緑素が多く薬効もピカイチなんだそうですが、精油成分が多いので、アロマテラピーのような役割をしてくれているんだなあ、と私は考えています。

ぜひ皆さんもお試しください。

まだまだある、わが家のよもぎ活用術

よもぎマフラーにとどまらず、よもぎはわが家で大活躍してくれます。

よもぎの生葉は止血効果があるので、田畑で手を切ったときは、生葉をよく揉んで当てておきます。虫刺されも同様に。娘も小さいときから「よもぎもみもみ」を覚えて自分でやっています。

また、次ページの図のようによもぎの薬草酒を作っておき、風邪など喉が痛むときに薄めてうがいすると卓効があります。友人に「このよもぎ酒のおかげでインフルエンザにかからなかった」とたいへん喜ばれました。傷口の消毒にも使えます。子どもはしみるので嫌がりますが。

薬草酒の効果は、葉・茎・花をすべて入れた方が高まります。先に紹介したよもぎマフラーも同様に、花の咲く頃に葉・茎・花をすべて吊るして陰干しし、細かく切ったものを入れて使ってみることもおすすめです。

さらにわが家では農作業の合間に、よもぎのほかにスギナ、クマザサ、クズ（葉・花）、桑の葉、ゲンノショウコなどを干して、ブレンドして毎日のお茶にしています。それぞれ素晴らし

よもぎマフラーの作り方

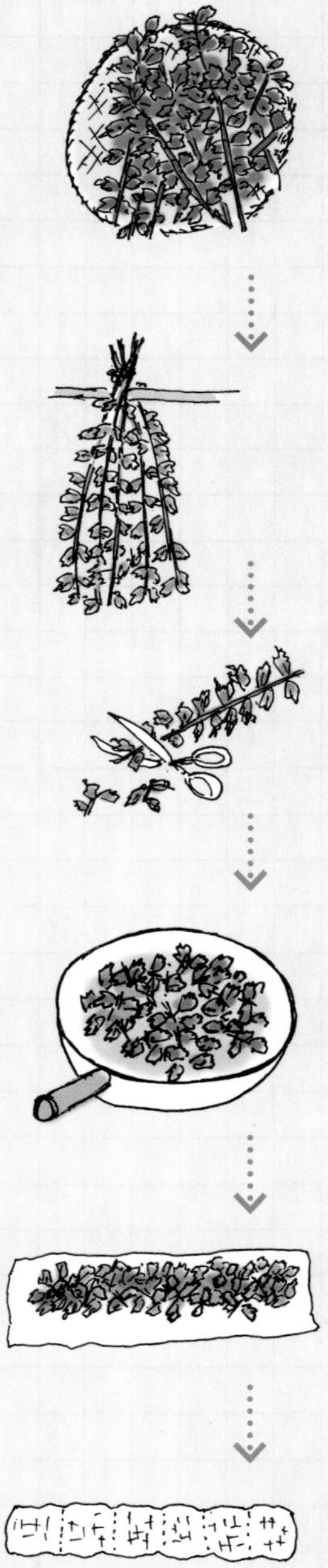

1. 平ザルに広げ干す
2. カラカラになるまで陰干し
3. ハサミで３～４㎝に切る
4. 土鍋や鉄の中華鍋で軽く炒る
5. 日本手ぬぐい・さらしなどによもぎを入れて縫う
6. 所々ズレないように縫い止めておく

野草茶

朝のうちに野草を摘み、汚れは洗って
ザルなどで天日干しする。
水気がとれたら風通しの良い日陰で
ひっくり返しながら干す。

カラカラになったら 2 ～ 3㎝に切って
紙袋に入れ、湿気に気を付けて保存

水 2ℓにひとつかみくらい
中火→沸騰後弱火で 3 分くらい煮る

野草は少し炒ると尚良い
好みでいろいろな草をブレンドする
※土びん・土なべ・ホーローで煮る

薬草酒の作り方

野草はできるだけ早朝に摘み、半日くらい陰干しして
水分を飛ばし、カットする。

よもぎ
ドクダミ
別々に作る

35 度の焼酎を注ぎ、
10 カ月間寝かせ、
葉を取り出す。
冷暗所で保存

葉・茎・花
すべて入れた
方が効果大

草の量はビンの 1/3 くらい

い薬効があり、毒素を排出し、体調を整えてくれます。

　日々、田畑に立っていると、よもぎやドクダミなどたくましい野草たちの生命力にしばしば圧倒されます。野草は普通「雑草」と呼ばれ、とかく嫌われがちですが、私たちを助けてくれる「薬草」でもあるのです。まだまだ野草の話はつきませんが、皆様、「雑草」とやっかいものにせず、野草を「日本のハーブ」としてどうぞ大切にしてください。

（五十嵐公撮影、すべて）

もぐさのお灸

まとめ・編集部

もぐさは夏によく育ったよもぎの、葉裏の白い毛を集めたもの。じんわりとした温かさが気持ちよく、香りでリラックスできる

ふるって緑の粉を落とす。粉は料理に使える

ライターで点火すると燃え上がりやすいので、線香を使う

材料 15 ～ 20 回分

よもぎ（乾燥葉）　10g（生葉では 100g・片手にひとつかみ程度）

道具

電動ミル（またはすり鉢とすりこぎ）、ふるい、線香（もぐさに火をつけるため）

作り方

❶よもぎは茎ごとつかんで洗い、数本ずつ束ねてつるし、日陰に干す

❷パリパリに乾いたら葉だけをとり、15 ～ 20 秒ミルにかける。よもぎ粉とふわふわのもぐさとに分ける

❸ふるいで粉を落とし、再度ミルにかける。ふるっても粉が落ちなくなれば完成

※すり鉢を使う場合は、こすりつけるようにして葉の形がなくなるまですり、ふるいにかける

使い方

厚さ 5㎜にスライスしたしょうがに、指先ほどの大きさに丸めたもぐさをのせ、線香で火をつける。煙が出るのは最初だけで、1 分ほどでじんわり温かくなり、約 5 分間持続する。置く場所は親指の付け根のツボ「合谷」がおすすめ。肩こりの解消やリラックス効果がある

冷え性が治った よもぎ蒸し

千葉●大久保義宣

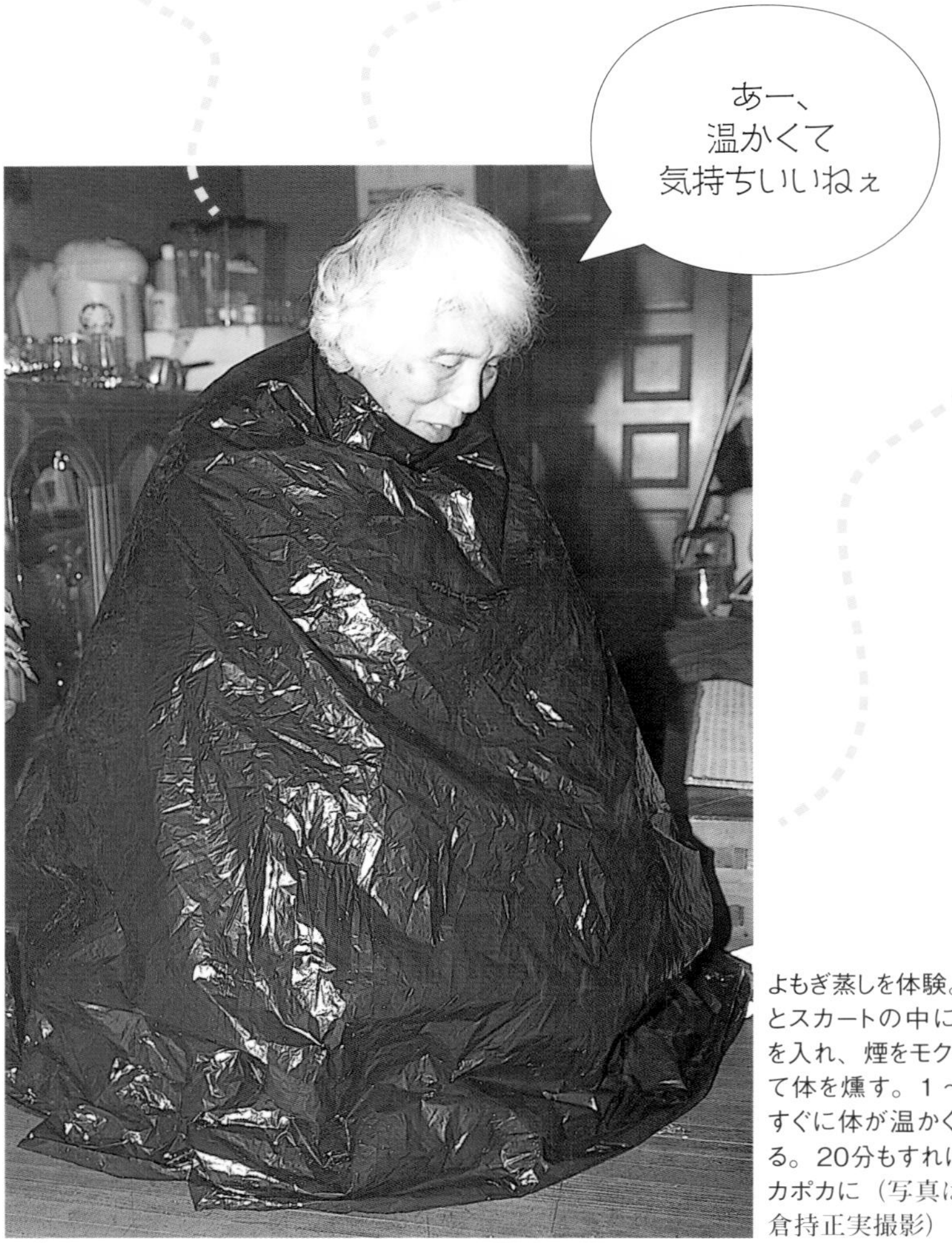

よもぎ蒸しを体験。マルチとスカートの中に燻煙器を入れ、煙をモクモク出して体を燻す。1～2分ですぐに体が温かくなってくる。20分もすれば体はポカポカに（写真はすべて倉持正実撮影）

よもぎの煙で体がポカポカ

「四国で農家が酵素風呂をやって非常に喜ばれている」という話を聞いてそれを探しに出かけたとき、たまたま愛媛県新居浜市の篠原恵子先生にお会いしたのがよもぎとの出会いでした。先生は、よもぎの煙を体に吹きかける方法（よもぎ蒸し）とよもぎのお灸の2つの方法で、大勢の人たちに元気をプレゼントしてきました。

夏の土用の日照りの続く時期、大きくなったよもぎを刈り取って3㎝くらいの長さに切り、天日乾燥します。先生は年間に乾燥よもぎを300㎏も使うそうです。コツはカラカラになるまで干し、ビニール袋に詰め込んで密封して保管しておくこと。火つきがよくなり、使いやすくなります。

よもぎ蒸しのやり方は、まず散髪屋で使う体を覆うマントのようなスカートを肩からかぶり、椅子に座ります（スカートは布で簡単に作れる）。スカートの上をさらに、野菜に使うマルチで覆います。煙が逃げるのを防ぐためです。

次に、ミツバチの燻煙器によもぎを

部分的に
やるのもいいよ。
足の裏は気持ちいいな

筆者。観光イチゴ園を経営する傍ら、酵素風呂やよもぎ蒸し体験の受け入れもしている

※よもぎ蒸し専用の煙を出す壺なども市販されているが、メーカーによっては価格がウン十万円。でも、養蜂場で売っているミツバチの燻煙器は8000円くらいで入手できる。大久保さんが使っているのは岐阜県の渡辺養蜂場が製造しているもの

ミツバチの燻煙器からよもぎの煙がシューっと。これを体に吹きかけるとじつに気持ちいい！

詰めて火をつけ、煙が出てきたらスカートの中に入れ、足の間に置きます。20～30分くらいは煙がモクモク出ます。この煙で体を燻すと、すごく温まり、いっぱい汗が出ます。

冷え性が治った

よもぎ蒸しを始めてから、ものすごい冷え性であった私がとても気持ちよい体を楽しめるようになりました。とくに眠れないときは効果抜群です。深い眠りにつくことができ、翌朝に吸う空気がとても美味しく感じます。

私は、身のまわりにいっぱいあるよもぎで簡単に体質が変わってしまいました。66歳の今、おかげさまで「重いものを持つ仕事、大変な仕事、ダメな仕事は持ってこい」と大きなことを言いながらやり遂げています。髪の毛も少し黒くなってきました。副作用もないしよもぎは最高。心まで健康になってきます。

これを教えてくださった篠原先生には心より感謝です。先生は「よもぎは神秘的な働きがある。どこにでもあるし、自分の体は自分で手入れする。家庭で家族でやればよい」とおっしゃっています。

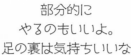

心安らぐ、お肌しっとり
お風呂に 乾燥よもぎ

新潟●亀井志津江

乾燥よもぎの利用法の例
煮出す
乾燥よもぎ5gほどと水1ℓを鍋に入れ、煮たってから5分ほど待って火を止める
乾燥したよもぎを2～3cmにきざむ。同じように乾燥してきざんだドクダミやセイタカアワダチソウと混ぜて使ってもよい
荒熱をとってから、漉したりしぼり出して汁をとる
よもぎローション
汁を冷蔵庫に保管しておいて、お風呂上がりに乾燥してかゆいところにつけるとよい
〈その1〉
汁を湯船に入れて入浴
〈その2〉
乾燥したよもぎ10～15gを布でくるんでお湯とともに洗面器へ。
しばらく待って溶け出した成分を湯船に入れてもよい。
布でくるんだよもぎをそのまま湯船に入れてもOK
※しぼりカスは肥料になる
よもぎ入浴

筆者。自家所有の畑5～6aと親戚の畑を借りて野菜を作るほか、親戚の休耕田でよもぎをとる

新潟の山里でよもぎに魅せられ、野草のお店を作って5年。乾燥よもぎなど野草の入浴剤だけで始まったシンプルなお店が、野草茶や関連品を全国にネット販売するまでに発展した。

体調を崩していたとき よもぎに出会った

次女の出産から3年が経つ頃、なんとなく体調に異変が。何が変かと聞かれても答えられなかった。だけど玄関に人が来てもなんとなく出たくない。なんだか気分のどこかに歪《ひず》みがあるような不思議な感じ。だんだんとわかってきたのは、たいへんなダメージを受けた次女の出産で自分の体調も崩れてきていたということだった。彼女の入院中は私も気が張っていたので、退院後にその影響が表われてきたのかも

太い茎は除いてカラカラになるまで干す。真夏の天気のよい日に1回干し直すと長もちする

6月末から7月、20cm以上に育ったよもぎの地上部全部を採取

しれない。

私は、天候のよい日はできるだけ高台の畑に通うことにした。畑で野菜を植え、世話をしていると心が和んだ。山を眺め風に吹かれると、まわりで起こるどんなことも小さなことだと思えた。1年が過ぎる頃には、畑仕事にも慣れて野菜もよくできるようになり、近所の人たちと畑で会うと話ができるまでに回復している自分に気が付いた。

畑のそばの休耕地にたくさんのよもぎが出ているのに気付いたのも、そうして畑に通うようになったときのこと。「きれいな緑だなぁ。そういえばこれってお肌によいんだったっけ」などと1人でぶつぶついっていた気がする。摘んで帰ったよもぎを天気のよい日に干し、入浴に使ったりするようになった。体調が思わしくなかったので、よいといわれることは、この際なんでも試してみようと実践したのだ。

よもぎ入浴はとても温まり、よもぎの香りがほんのり漂う、心安らぐすばらしいものだった。心だけでなく身体のほうも、季節の変わり目になるとカサカサしていた肘やかかとがそうならなくなっていた。

生葉で草もちを作ってみたら「自然の香りってこんなに香る?」と思うくらい気持ちよい刺激。子どもが病弱で外へ働きに行けなかったので、私は、休耕地にたくさん生えていたお肌によいよもぎを摘んで、パソコンの仕事をしてきた経験を生かしてインターネット販売してみようと思いたった。

それが平成15年6月のこと。私はこのときから野草のお店「よもぎや」を始めた。

乾燥よもぎが大好評！

よもぎやが販売するおもな野草は、よもぎ・ドクダミ・セイタカアワダチソウ。6～7月によもぎを摘んで、7～8月はドクダミ、11月はセイタカアワダチソウと、それぞれ空模様を見ながら天日に干す。とくに乾燥よもぎは好調な売れ行きで、昨年は前年の倍量を用意したにもかかわらず売り切れてしまった（２００ｇ入り１０５０円）。

前ページの図はお肌にいい乾燥よもぎの使い方。何年も皮膚科に通ったけど治らなかったお肌のトラブルが消えて驚いた、というお便りをいただくとこちらもうれしい。

これぞ極楽 よもぎ・スギナ・ビワの葉湯

愛媛●鑓　武彦

三種混合ですごい湯に

私の自然農の畑にはよもぎやスギナが繁茂していて、これらを身体の自然療法に使っています。自然療法を提唱する東城百合子さんの本と『現代農業』の薬草の記事を参考に実践。確かにスギナ茶を飲むようになって腎臓結石が流れ、花粉症も軽くなり、よもぎ茶で体重が減ってメタボ解消になりました。

自然療法でまだ実践していないのが、温湿布、腰湯、化粧水です。本には「スギナもビワの葉も、蒸すなどして温めたものを患部に直接貼り、有効成分を浸透させると痛みをとる」とある。化粧水は「スギナで肌がツルツルになり、ニキビなどの吹き出物も治る。ビワの葉はシワをとり、ソバカスやシミもきれいになる」とある。やらない手はありません。

腰湯でなく全身浴にして顔を湯に浸ければ化粧水効果も同時に実感できそう。また、本にはスギナならスギナだけの薬効が書いてあるだけですが、スギナとビワの葉とよもぎも同時に煎じて風呂に入れれば、それなりの効果が

冬はプチプチで冷気を遮断すれば低湯温で長湯できる

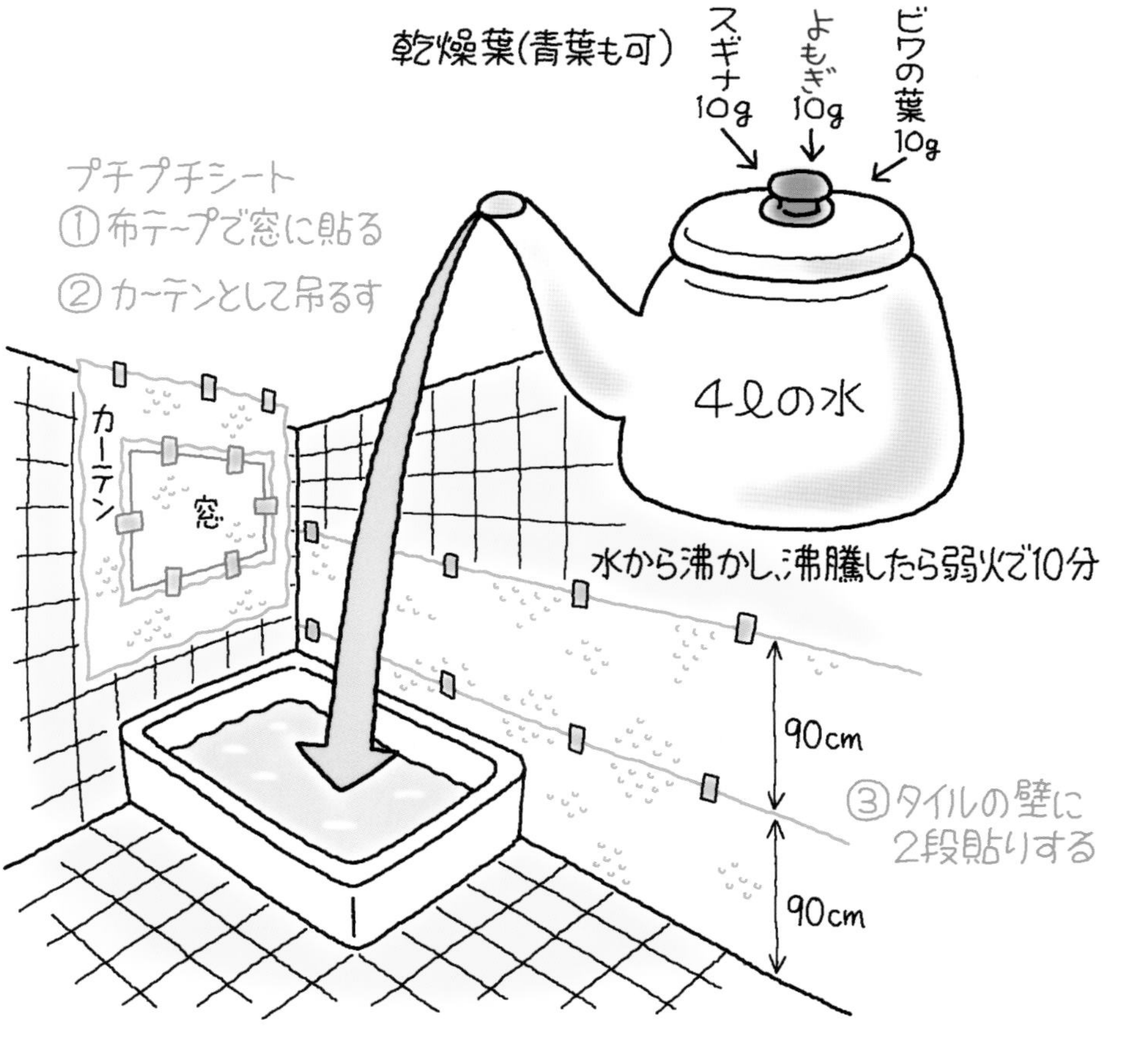
乾燥葉(青葉も可)
スギナ10g
よもぎ10g
ビワの葉10g
プチプチシート
①布テープで窓に貼る
②カーテンとして吊るす
カーテン
窓
4ℓの水
水から沸かし、沸騰したら弱火で10分
90cm
③タイルの壁に2段貼りする
90cm

出るのではと欲張りな期待を込めて実施してみました。

すごい湯になりました。なかなか湯から出られません。長湯になりました。究極の薬草湯、極楽の湯です。

傷の痛みがとれ、ぐっすり安眠

湯の色は淡いチョコレート色。一番風呂でも水がやわらかく、湯上がりがさっぱりしています。保湿効果抜群で化粧水もいりません。ビワのアミグダリン、スギナのケイ酸などの薬効成分が開いた毛穴から患部に直接浸透して、外傷の痛み、内臓からの痛みを解消してくれます。ちょっとした傷も治り、末端まで温かく、ぐっすり安眠できました。よもぎの香りが疲労回復、肩こり、神経痛、足の筋肉痛にもいいようで心身ともにリフレッシュ効果があり、3日に1度入れています。

三種混合煎じ汁を入れるだけ

究極の薬草湯の作り方はいたって簡単です。4ℓのやかんでスギナ、ビワの葉、よもぎの乾燥葉各10gを水から煎じます。沸騰したら弱火に10分かけたものを、煎じ汁のみ浴槽へ入れるだけです。

　青葉を煎じても結構です。乾燥葉は煎じていると浮くのでかき回してください。ビワの葉は肉厚の葉を使い、表裏をタワシでこすって汚れや葉裏の毛を落として使います。同じ葉を3回は煎じることができます。追い焚き風呂なら、水を替えなくてもそのまま3日は使用できます。

　所属している愛媛薬草愛好会でこの薬草湯を発表したら、会長が小さい声で「なかなか湯から出られないだろう」というではありませんか。農家でもある会長はすでにやっていたのです。思うに、この極楽の湯はそれぞれの葉が10gとはいえ、続けるには薬草が相当量必要です。町に住む人では入手困難。農家なればこそ自給できるお湯です。

冬の長湯には プチプチがおすすめ

　ところで、冬に薬草湯をやるなら、包装資材のプチプチシートを風呂の壁に貼るのがおすすめです。これだけで室内温度が10℃上昇。秋口の温度になりました。省エネのうえ、38度の低湯温で長湯が楽しめます。

　これは偶然の発見なのです。私の家は松山市の東側で、石鎚おろしが吹くため気温が零下になる日もたびたび。洗い場は背中がゾクゾクするので何とかせにゃということで、流行りのプチプチを浴室に応用しました。これを窓に貼り、さらにカーテンとして吊るしました。プチプチがまだ余っていたので、さてどこに張ろうかと思案。ここで初めて壁のタイルに貼ろうと思いついたのです。

　次の日の風呂は劇的に暖房されていました。タイルが盲点でした。壁のタイルから冷気が放射されていたのです。プチプチを貼ることで冷気を遮断し、湯気だけで室内温度が上昇します。知り合いの方で壁にプチプチを貼ったら湯気がもうもうとして「温泉のようだ」と、孫が真冬でも喜んで入るようになったと奥さんから感謝されました。

　夏はプチプチをはずし、37度の湯温で長湯を楽しんでいます。

自然農の畑でスギナをとる著者（小倉隆人撮影）

よもぎのちょっとイイ話　健康編

よもぎオイルでお肌しっとり、赤ちゃんにも

埼玉●黒沢敏江さん

春になるとよもぎをどっさり採ってきて、草もちやだんごを作る小鹿野《おがの》町の黒沢敏江さん。やわらかい新芽部分を中心に、1年分を摘んでしまいます。娘さんにも分けてあげたところ、よもぎオイルを作ったそうです。赤ちゃんのアトピーに困っていて、よもぎオイルが肌荒れを防ぐとインターネットで知ったからだとか。

材料は、酸化しにくい太白ごま油1ℓと、よもぎ600g。厚手のステンレス鍋に入れ、よもぎが焦げないように混ぜながら、とろ火で80℃を30～40分。油がきれいな緑色になったら完成です。粗熱を取って温かいうちに濾し、遮光ビンに小分けして常温で保存します。

お風呂のお湯に2滴垂らしたり、洗顔後に薄く塗ったりするだけで肌がしっとりするそうです。軽い火傷や虫刺されにも効果があって「市販の薬でなくても、自然のもので間に合うのよ」と、娘さんは話していました。

（文・農文協）

足のむくみにカワラヨモギ茶が効く

広島●棚多秀子さん

三次市の棚多《たなだ》秀子さんは、若いころからおばあちゃんに薬草の知識を教わってきた薬草名人。そんな秀子さんからむくみに効くよい草があると聞きました。それは普通のよもぎとはちょっぴり違うカワラヨモギです。

名前のとおり河原に生えていて、草丈は1mほど。秋にタネがついたころ株元から刈り取って、軒下などの風通しのいいところに吊るして乾燥させます。3㎝くらいに刻んでビンに入れておけば一年中いつでも飲めます。

疲れて足がむくんでしまうときに煎じて飲むとよいそうで、分量は水3合に対して三つ指で軽くひとつまみ。おばあちゃんからは「水が2合に減るくらいに煎じる」と習ったそうですが、苦みが出るので軽く煎じたり、麦茶といっしょに煮出したりしています。

肝臓にもとてもよく効くそうで、黄疸などで「肝臓が弱ってるね」なんていわれたときにはぜひどうぞ。

（文・農文協）

目が良くなる!?
よもぎのタネ茶

絵・文●市村幸子

10月頃の開花後、
タネがついたなと思ったら、
茎から収穫する。
逆さに吊してビニール袋を被せると
落下したタネが袋の底にたまる。

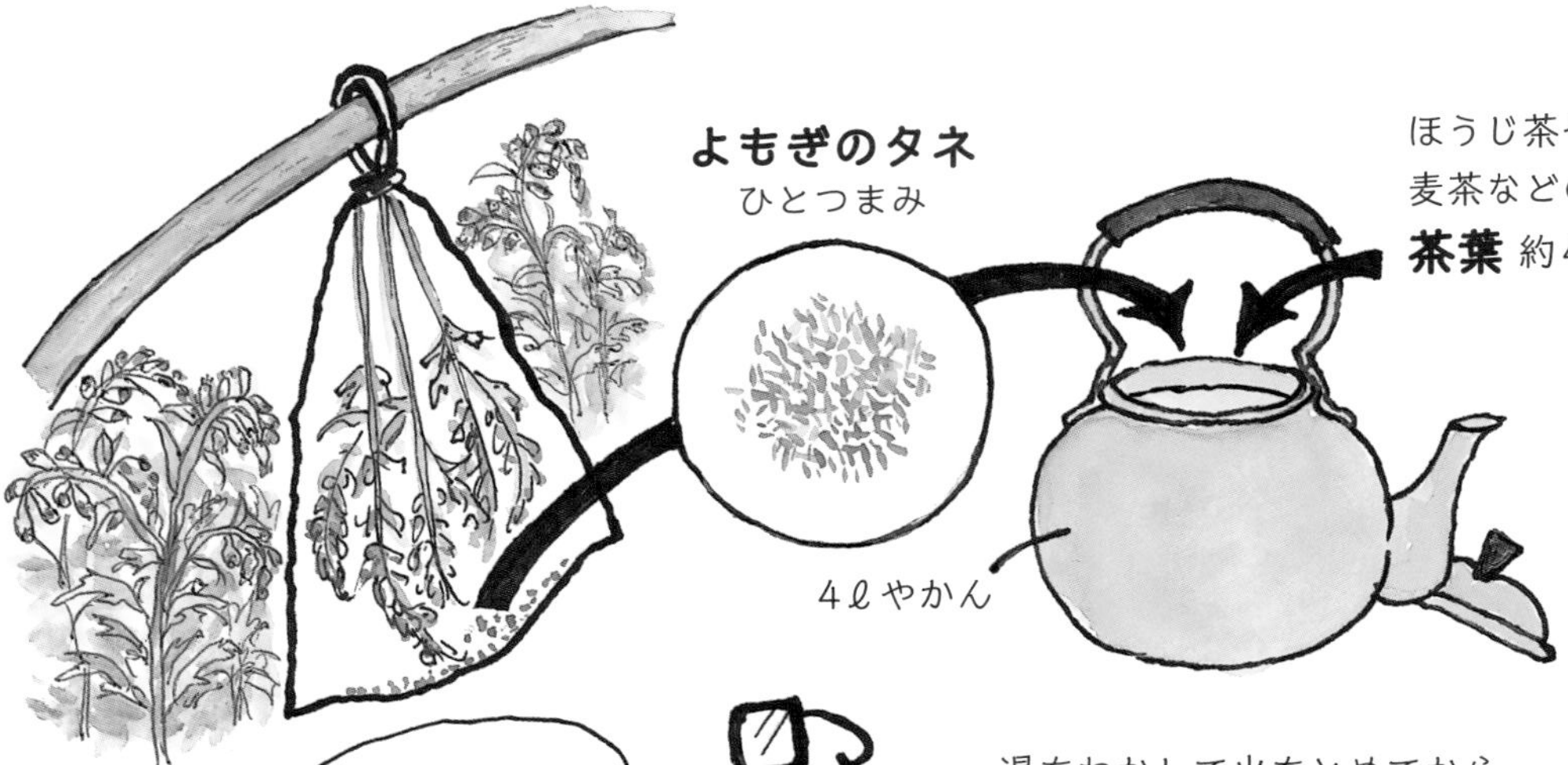

よもぎのタネ
ひとつまみ
ほうじ茶や
麦茶などの
茶葉 約40g
4ℓやかん

湯をわかして火をとめてから
ほうじ茶や麦茶の茶葉を入れる。
そこへよもぎのタネを加える。
（鑓さんはほうじ茶や麦茶に
よもぎやスギナの葉も加える）

続けて飲むこと
が肝心！

愛媛県東温市の鑓《やり》武彦さんは、ある研究書の中でよもぎのタネには「目がハッキリする」という薬効があることを知り、それを実証するべく、よもぎのタネのお茶を飲んでいます。

　1年以上飲み続けた頃、両眼0・8だった視力が1・2になったそうです。

虫歯にもよもぎ　噛んだだけでどんなに痛い虫歯にも効く！

長野●宮澤和己さん

天龍村の中《なか》井《い》侍《ざむらい》集落はお茶の産地です。傾斜のきつい土地で、山に張り付くようにお茶畑や家々が点在する美しい地。ここで生まれ育った宮澤和己さんから聞いたお話。

虫歯で歯が痛くなったときはよもぎの葉がいいとのこと。よもぎの葉っぱをよく噛んで、よもぎの汁を口の中に充満させます。どんなに痛い虫歯でも、一発で痛みが治まってしまうそうです。

これまで『現代農業』でも、よもぎの効能は何度も記事になっていますが、78ページに登場する大城先生曰く、よもぎは究極の薬草だとか。

虫歯になるのは本当にいやですが、なってしまったらぜひ試してみてください。

（文・農文協）

よく噛む
よもぎ

夏の帽子の中によもぎを

岐阜●黒地美代子さん

真夏の炎天下。最近は各地で観測史上最高気温を記録するほど暑さもハンパではありません。それでも畑に出なくてはならないのが農家。

そんな暑いときには、何といっても「もち草」が一番！というのが、高山市の黒地美代子さん。もち草とはよもぎのこと（もちに入れるからこの呼び名）です。

この時期、よもぎならわりとどこにでもあります。背が高くなったこのよもぎの先端を10㎝くらい摘んで、麦わら帽子の中に1～2本入れて頭の上におきます。香りがいいせいか、これだけで涼しくなり、作業効率も全然違うそう。さらに美代子さんは、背中にかけたコモと背中の間にもよもぎを差し込んでいます。

美代子さんの辺りでは昔からやられている方法だとのこと。ぜひやってみてください。

（文・農文協）

よもぎを頭にのせてビーチに直行！
アチィ
ドロン

よもぎ酒でセキとおさらば

長野●細川八千代さん

冬にセキがとまらないとき、ぜひ試してみて欲しいものがあります。富士見町の細川八千代さんに聞きました。

秋、枯れたよもぎの根っこを掘り起こし、きれいに洗って1週間くらい陰干しします。それを保存ビンいっぱいに入れ、日本酒をヒタヒタに注いだらフタをして、そのまま2〜3カ月。

これが、セキと喘息にいいんです。寝る前などにお猪口いっぱい、そのまま飲んでもいいですが、お酒の苦手な人は飲みやすいようにお湯で割っても大丈夫。猛烈なよもぎのにおいが広がって体があたたまり、風邪などにもよく効くそうです。

（文・農文協）

よもぎの煙で痔が治る⁉

栃木●Sさん

上三川《かみのかわ》町の牧場主のSさん。自宅の柵の周りに思ってもみなかった薬草がワンサカ育っていて、種類の多さにびっくりしたそうです。

ムッムッ、これはにおうぞ。もしかして、と思って近くのおばあちゃんにも聞いてみたら、ばあちゃんのばあちゃんの代から、どこの家にも屋敷のまわりにいろんな薬草が植えてあったとのこと。いわれてみれば、昔から手洗いのそばにはナンテンが植えてあったし、よもぎが庭に全然生えてないという農家もなさそうですよね。

そこでご先祖様の知恵を1つ拝借。耳寄りな話をご紹介しましょう。

よもぎの葉っぱを庭先で燃やして、出た煙をお尻にあてたら、困っていたSさんの痔の悩みがすっかり解消しました。やけどをしないかとちょっと心配ですけど、効き目はありそう。人から聞いて試してみたとのことですが、「最初にやった人はエライよな」と、Sさんは笑いながら話してくれました。

（文・農文協）

第3章 よもぎでおいしく

月刊誌『現代農業』で様々な薬草を紹介してくれた、
故・村上光太郎先生（黒澤義教撮影）

摘んで生を入れるだけ！
身体が喜ぶ
生よもぎの味噌汁

●村上光太郎先生（編集部）

春でも目覚めすっきり

皆さん、春は眠いですすねえ。「春眠暁を覚えず」ですから仕方ないですねえ。でも、毎朝よもぎの味噌汁を飲めば、1週間で目覚めすっきり。朝早くから身体に力がみなぎって、仕事したくてたまらなくなりますよ。

大事なのは、よもぎを使うとき、食べることです。よくよもぎを生で食べる皆さんゆでてから草もちに搗き込んだりしてますね。あれじゃせっかくの薬効を捨ててるようなものです。よもぎにたくさん含まれるミネラルが、アク抜きと一緒に全部流れていっちゃいますから。

一番気軽に生で食べられるのが、よもぎの味噌汁。なーに簡単です。よもぎは生長点の部分だけを摘んできて、できた味噌汁にパラパラッと入れて食べるだけ。まだ開ききってない頂芽のところだけなら、生で食べてもそんなにエグミはないし、味噌と調和して、なかなかおいしい。頂芽3～5つで1日に必要なミネラルがまかなえますから、朝から目覚めすっきり、頭くっきり。春先に眠いのは、朝晩の温度差についていけなくて、身体がミネラル不足になるからなんです。

よもぎといえば、沖縄では昔から野菜として食べてきましたが、最近、沖縄の男性の平均寿命が短くなったのは、このよもぎの味噌汁を飲まなくなったからですね。

骨粗しょう症、アレルギー・アトピーだって、よもぎ味噌汁で治ります。1カ月飲み続ければ、花粉症だってラクになりますよ～。

夏は、ザル栽培で

さて、よもぎの味噌汁のおいしさに身体がとりつかれると、今度は春だけしか飲めないのが悲しくなります。夏の強い日射しを浴びると、頂芽といえども少々エグミが出て硬くなってきてしまいます。

そこで夏は、地際から10㎝くらいでよもぎの株をいったんカットし、上からカポッとザルでもかぶせておいてください。わき芽がヒョロヒョロ軟弱徒長して生長点がたくさんとれます。これで夏でも毎日、元気はつらつよもぎの味噌汁です。

（談）

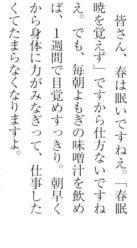

よもぎがほんのり香る。頂芽だけでなく、てっぺん付近の小さな葉もつけてみたが、おいしく食べられた（小倉隆人撮影）

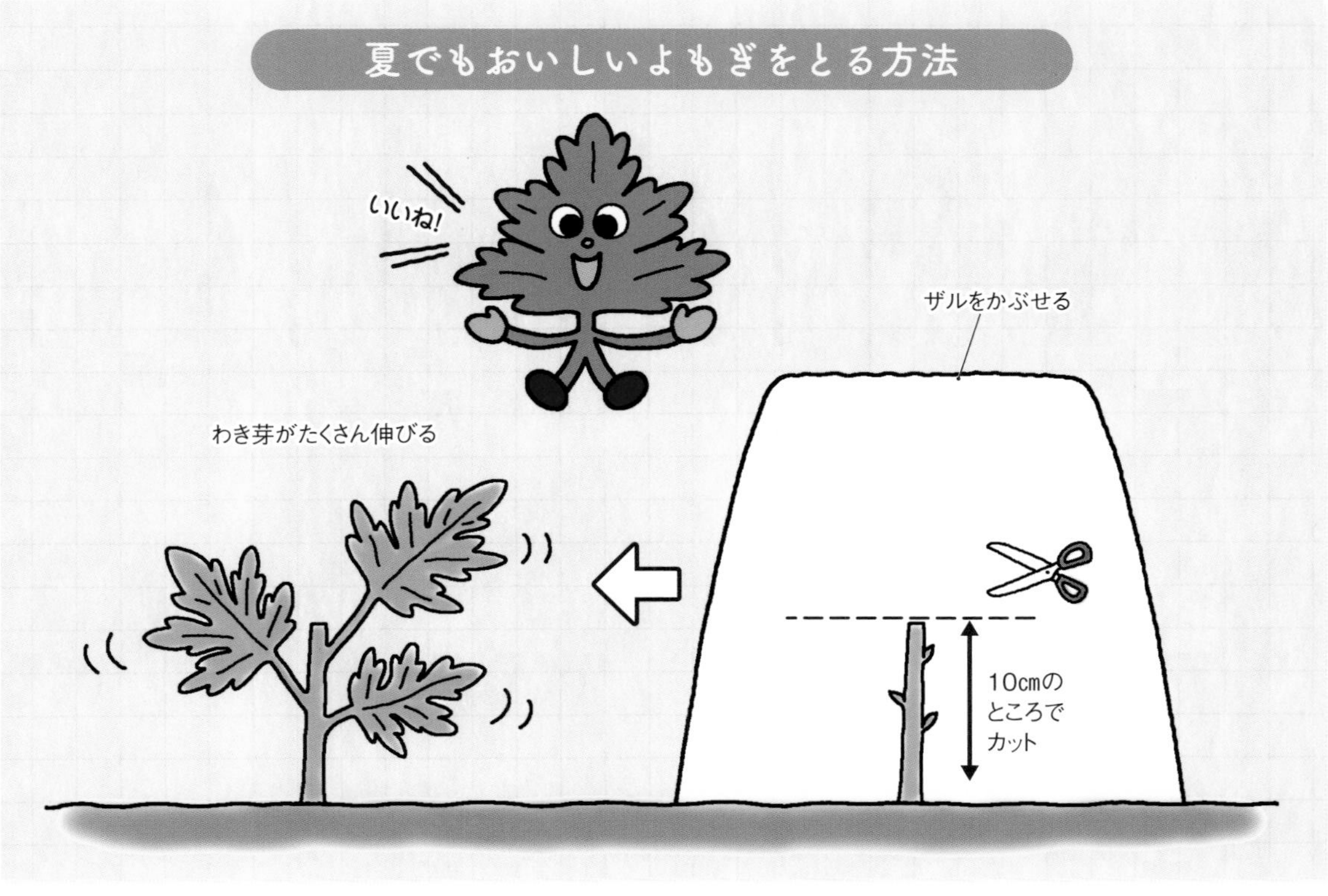
夏でもおいしいよもぎをとる方法
いいね!
ザルをかぶせる
わき芽がたくさん伸びる
10cmのところでカット

よもぎの佃煮

愛媛●宅見雅代

これでよもぎをたっぷり味わえる（撮影・調理　小倉かよ）

冷え性と疲れやすいのとで家族に相談すると、鉄分と葉酸を摂ってみてはどうかということで、よもぎに目をつけました。そのときの気分でけずりぶしを倍にしたり、醤油を減らしたり、下ゆでを10秒くらいにして苦みをたっぷり味わったりしています。よもぎをたくさん食べやすいというのがこの料理のいいところかな、と思います。

材料

よもぎ　ボウル（直径20㎝）1杯
白ゴマ　小さじ（山盛り）1
黒ゴマ　小さじ（山盛り）1
粉いりこ（あるいはだしの素）6～10g
けずりぶし　3～5g
砂糖　小さじ（山盛り）1
醤油　大さじ1
ゴマ油　適量

作り方

❶よもぎをさっと下ゆで
❷❶の水気をごく軽くしぼり、1㎝未満に切る
❸フライパンにゴマ油をひき、中火で❷のよもぎの水気を軽く飛ばす
❹❸に粉いりこ、白ゴマ、黒ゴマを入れて混ぜる
❺❹に砂糖をまぶすように入れ、醤油、けずりぶしを入れる。汁気がなくなったら完成

よもぎのミネラルを残すため、ゆでるのは“サッと”

沖縄の定番料理（五十嵐公撮影、スタイリング・本郷由紀子、調理・レシピ　編集部）

ふーちばーじゅーしー

「じゅーしー」は沖縄では雑炊や炊き込みご飯のこと。
雑炊は日常に、炊き込みご飯は祝いの席で食べたようです。
薬効が高まる夏のよもぎをたっぷり食べられるレシピです

材料　4人分

米　3合
豚バラかたまり肉　150g
┌水　適量（3カップ以上）
│しょうがの薄切り　1かけ分
│ねぎの青い部分　1本分
└酒　1/4カップ
よもぎ（やわらかい葉）
　ひとつかみ（約50g）
にんじん　1/4本
干し椎茸（水で戻す）　2枚
A┌塩　小さじ1
　└醤油　大さじ1

作り方

❶水をはったボウルによもぎを入れ、何度か水を変えながらよくもんでアクを抜く
❷鍋に豚肉と、肉が全部浸かる量の水を入れ、しょうが、ねぎ、酒を加えて中火にかける。沸騰したらアクを取り、弱火にして約30分煮る
❸豚肉を取り出して5㎜ほどのさいの目に切る。煮汁は捨てずに冷ましておく
❹にんじん、椎茸、水を切った❶のよもぎをみじん切りにする
❺炊飯器に洗った水と豚肉、野菜、よもぎ、Aを入れ、❷の煮汁を3合の目盛りに合わせて入れて炊く
❻炊き上がったら器によそい、よもぎの葉（分量外）を小さくちぎって散らす

簡単草もち

まとめ・編集部

ここでは、ボウル1杯のよもぎとすり鉢で作ることができる簡単なレシピを紹介。粗めについたもちのつぶ感を楽しもう！

材料 6個分
よもぎ（生）　50g
（ゆでた状態で約25g）
もち米　1合（150mℓの水で炊く）
小豆あん　180g（30gずつ丸める）
打ち粉（片栗粉）　適量

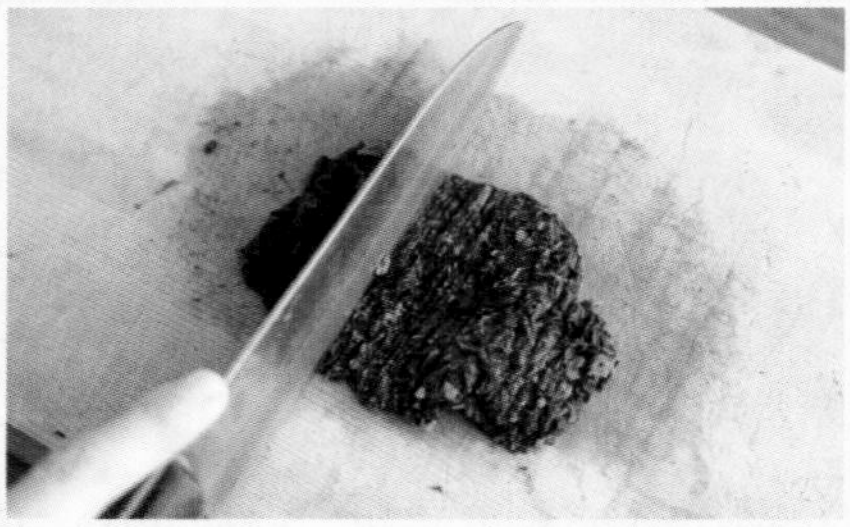

❶ ゆでたよもぎは包丁で細かくたたく。ゆで汁はとっておく。冷凍したものは、自然解凍しながらたたく

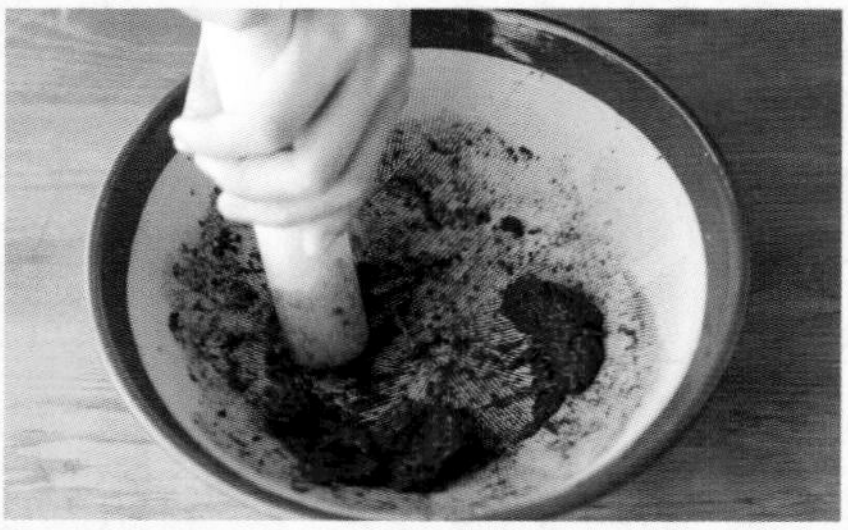

❷ たたいたよもぎをすり鉢に移し、すりこ木でペースト状にする。適宜ゆで汁を足すとなめらかになる

❸ 炊いたもち米をすり鉢に加え、冷めないうちに手早くすりこ木でつく

❹ 米がつぶれて粘りが出てきたら、ときどき練りながらさらにつき、もち状に仕上げる

❺ 打ち粉をした台にもちを出し、6分割してそれぞれ丸める。平たくのばして、丸めたあんをのせ、包む

できあがり！

これなら
4日たっても
やわらかい！
ホットケーキミックス
砂糖

こんな作り方もあるぞ

ホットケーキミックスで、硬くならない草もち

宮城●高橋友子さん

登米市の高橋友子さんに、硬くならない草もちを作るマル秘のワザを教えてもらいました。なんと、もちをつく途中でホットケーキミックスと砂糖を少量混ぜるのです。

もち米2升に対しよもぎ50gの分量で、もちつき機へ。もちの形が整ってきたら、砂糖とホットケーキミックスを指3本で2つまみずつ入れるだけ。あら不思議、4日たってもやわらかい草もちの完成です。

以前は「もちソフト」という添加物を使っていましたが、どうしてもダマができてしまいました。ある時、もちソフトを切らしてしまい、試しにやってみたのがこの方法だそうです。（文・農文協）

ふわっふわ草もち作り

大分●佐藤多喜さん

佐藤多喜さん（すべて小倉隆人撮影）

今、全国津々浦々どこの直売所をのぞいてみても、加工品コーナーには必ずといっていいほど草もちが置いてある。それも季節を問わず年がら年中。これは、昔ながらの味がそれだけ今も求められているということ。しかし、出す人にとってはそれだけライバルが多いということ。

草もち飽和状態の直売所で、人とちょっと違う草もちを出してみるのも手かもしれない。

1年分のよもぎを自分ひとりで採集

大分県由布市で農家民宿を営む佐藤多喜さん（67歳）は、まさによもぎ漬けの毎日。そもそも民宿の名前からして、そのものズバリの「蓬」。これは多喜さんの姪っ子が、「おばさんは草もち作りが上手だから」といって、つけてくれた。

「長年、草もちを作り続けてきて、私の手はもうすっかりよもぎの手！」

毎日毎日販売用の草もちを作り続ける手である。10年来の感触が染みこんでいる。

それから、毎年1年分のよもぎを1人で採集する手でもある。なんといっても多喜さん、人に頼むんじゃなくて、自分でよもぎを見つけることにこそ喜びを感じている。

以前、独居老人への配食サービスの仕事をしていたときは、車の運転中であろうと、あの独特の緑色がすぐに目に飛び込んできたという。あそこに、きれいなよもぎが生えている……。

そうなるといてもたってもいられない。急いで仕事を片付け、家路の途中で全部刈り取ってしまう。だから、多喜さんの自家用車には鎌やハサミなどのよもぎ採集セットが常備されていた。あきれた同僚からは「あんた、よもぎをとるためにこの仕事をしてるやろ」といわれる始末。

しかしそのおかげで、多喜さんは現在、「そこに行けば必ずよもぎが生えている」という自分だけの秘密の場所をいくつも持っている。特に午後3時ぐらいから日陰になるところがお気に入り。日光がずっと当たるところよりもよもぎの葉っぱがやわらかいからだ。

ふわっふわの食感、秘密はゆで汁

3～12月、草もちを出すシーズンになると、多喜さんの朝は早い。「草もちを作らないと、1日がはじまる気がしない」という多喜さんは、4～5時に起きて、毎日30個、近くの豆腐屋さんで売ってもらっている。土日はこれに加えて、もう60個。自分が経営する直売所用である。

ここでは多喜さん自ら店頭に立ち、午前中には売り切ってしまう。近くには、炭酸水が自然に湧き出る名所があり、土日ともなると、その水を汲みに来る人で賑わう。その道中で「あそこの直売所で草もちを買っていこう」となるのだ。お得意さんたちの感想は、揃いも揃って「多喜さんのもちは生地が違う」。

一口食べてみると……、新食感！　まるでもちじゃないみたい。ふわっふわで、まるで泡のようなのだ。これが2日は持つという。

「私のもちにはあれが入ってるからね」

〝あれ〟の正体とは、なんとよもぎのゆで汁。これが多喜さんにとっては魔法の液体なのだ。

「あまりにきれいだったから、もちにも色がつくと思って、試しに打ち水がわりに使ってみたのが最初」

多喜さんは右端のように葉っぱの丸っこいものを中心に使う。葉っぱがやわらかい。左端のカワラヨモギは硬いのであまり使わない

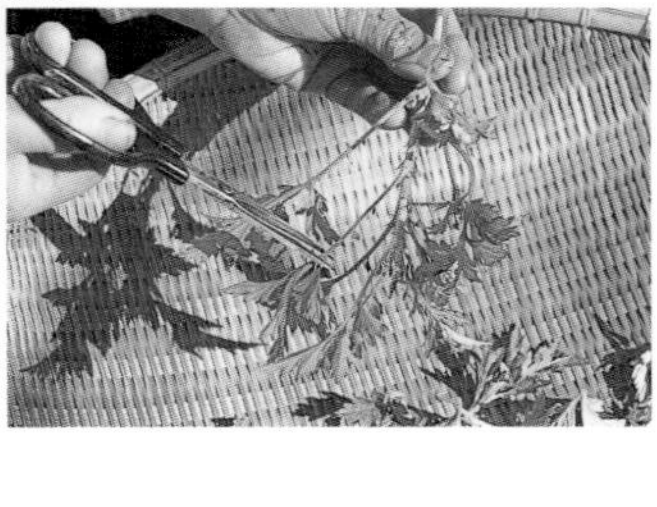

均一に湯がくためにも、ハサミで大きさを揃える

こんなにとれた

やわらかいもちは、丸めるのが簡単

するとどうだろう。もちがふわふわしだした。もしかして、ゆで汁のおかげ？　ゆで汁を余計に入れてみたら、もっとふわふわしだした。

以来、多喜さんの草もちにはよもぎのゆで汁が欠かせなくなった。もちろん冷凍保存しておくのも、よもぎだけじゃなくって、ゆで汁も。

歯ごたえ派の姉にも認めてもらった

もっともこのふわふわっぷりは、みんながみんな手放しで評価してくれるわけではない。なにか化学的なものを使っているんだろうと訝しがる人もいれば、コシがないと断を下す人もいる。確かに、草もちといえば昔ながらのしっかりとした歯ごたえをイメージする人も多い。

しかし、だからこそ多喜さんのふわふわ草もちが生きてくる。ちゃんと棲み分けができているのである。

やわらかければ、それだけ食べやすい。胃にもたれないのでつい食べ過ぎてしまう、という声が多喜さんには多く寄せられる。また、「1パック3つ入りのもちを買っても、お義理で1つ食べるだけだった主人が、多喜さんの3つ入りパックを買ったら、続けざまに2つ食べるようになった。今度は、わたしが1個しか食べられなくなっちゃった」なんて人もいた。

そして、21歳離れた姉にお墨付きをもらったのが多喜さんにとってなにより大きい。今は現役を退いたものの、昔は一緒に直売所を切り盛りしていたこの姉、じつは根っからのコシのある草もち派。そんな姉が、多喜さんが草もちの「歯ごたえ」から「ふわふわ」への大改革をやったときにいった。

「あんたのやることは人並みでない」

これは多喜さんにとっての最高の褒め言葉。

ゆで汁を利用した草もち。栄養も豊富

丸めるのが早くすむ

もちがやわらかいということは多喜さんにとっても都合がいい。扱いやすいから、もちを丸めるのが簡単なのだ。あんこを包んだら、押しつぶすように両手でポンと挟めばできあがり。時間短縮にもなる。

よく、両手ですりすりしながら丸める人もいるが、多喜さんにいわせれば、それをやると中のあんこに片寄りができてしまう。

また、あんこがかたいと、もちがやわらかいため外に飛び出してしまう恐れがある。だから多喜さんは、あんこもやわらかめに仕上げている。

多喜さんの直売所にて。3個入りで300円

色や香りも人一倍

ゆで汁の利用は6～7年前から続けているが、これにはふわふわへの期待だけでなく、一度流れ出たよもぎのよさを再び戻してやる狙いもある。

「ゆで汁には、よもぎの栄養がいっぱい入っているのに、捨てるなんてもったいない。私はここ2年ほど、もちに使うだけじゃなくて、毎日コップで飲んでる」

ひどい高血圧だった多喜さんも、以来、病院に行っていない。この健康にいい成分も、もちに加えていることになる。

さらに、ゆで汁のおかげで、色も香りもよもぎ特有の野趣に富む。だから、多喜さんのもちは、食べる前でも強烈な香りが漂ってくるほど。

これも大きな売りになる。民宿で接待しているときに気づいたのだが、お客さんはみんな、草もちや草団子にいきなり口をつけるんじゃなくて、鼻を近づける、あるいは目の前に持っていく。まずは、香りや色を楽しんでいるのだ。

これを素直に受け取って、多喜さんは直売所でも、「冬が終わって春が来ました」「香りを食べてください」「色を食べてください」というポップを貼るようにした。それだけに留まらず、お客さんにはみんなに口で伝えるようにした。

この直売所の売りは草もちともう1つ、多喜さんの懐っこい笑顔である。最後に多喜さんが書き初めで詠んだ句で結びにしたい。

摘まれても
摘まれても
芽を出す野草
その名はよもぎ

次のページでは、
多喜さんのふわふわ食感の
草もち作りの技を紹介！

ふわっふわ草もち作り

多喜さんの技公開

よもぎの下処理

ゆで方のポイントは、重曹を入れて約1分後、葉っぱがニュルッとしたら火を止めること。ゆでる時間が長いと、色が悪くなってしまう

よもぎと煮汁は、一晩外に置いて寒にさらす。ゆで上げたよもぎは、水にさらしもしなければ、しぼりもしない。「栄養分が抜けてしまうし、葉っぱが崩れてしまう」から

翌日

左のよもぎとゆで汁が一晩寒に当てたもの。右はゆでた直後

ゆで汁の緑が濃くなった！

夜の間に水分が抜け落ちている。鍋にとっておいたゆで汁も同じ色。冷凍するのもこの状態にしてから

手で触ってみて、ふわっとした弾力があるようなら完成

もちつき

1 まず、水のかわりに緑色のゆで汁を機械に入れる

2 次に、蒸したもち米を入れ、機械を動かしながら、もう1杯ゆで汁を加える

3 よもぎを投入するのは、完全にもちがつきあがってから。よもぎに長い時間熱が加わると、色が悪くなってしまうから

4 よもぎを混ぜるために機械を動かして、やわらかさを見ながら、ゆで汁を足す。このときは、もち米5合に合計カップ4杯入れた

うるち米なのにもちっ　よもぎがきれい

つきぬきもち

千葉●依知川 智

直売所で年中販売

合併して人口4万人足らずの小さな市の片田舎で農業を営む78歳のおじいさんです。田5町足らず、畑2反くらい。14年前、直売所がオープンして会員になり、よもぎ入りの「つきぬきもち」（棒もち）を出しはじめました。わけは草もちを出荷する人が少なかったので。

つきぬきもちとは、うるち米でつくるもちのことです。待っているお客さんがいるので、1日おきに20数本（米3升分）のペースで1年中販売しています。「おいしい」「色がきれい」と好評です。「もちがおいしかったから、米もほしい」と言ってくれる人もいて、米の販売につながっています。

よもぎは畑で栽培

つきぬきもちに使うよもぎは畑に植え付け栽培しています。長さ30mのウネが5列あり、順に収穫。2人で2〜3時間摘むと20〜25kg（2ウネ分）になります。摘んだあと、鶏糞、米ヌカ、化成肥料などをまいておけば、また15〜20日後に収穫できます。1ウネ4〜5回摘めるので、5ウネでだいたい200kgになります。

収穫したよもぎはすぐに大きめの鍋で1〜1・5kgずつ何回にも分けて茹でるのですが、そのつど色をよくするために重曹を小さじ1杯入れ、また、水もどんどん減るので足していきます。

色合いを見ながら、よもぎを鍋からあげ、梅干しを干すカゴなどに広げます。薄ければ薄いほどいいのですが、素早く広げないと、色が悪くなります。

冷めて黒緑色になれば大成功。翌朝、1kgずつポリ袋に入れて冷凍します。

使うときは解凍して、軽くしぼって、まな板の上でよく刻んで、セイロで蒸して少し温めます。こうするとつきぬきもちの色や食感がよくなります。

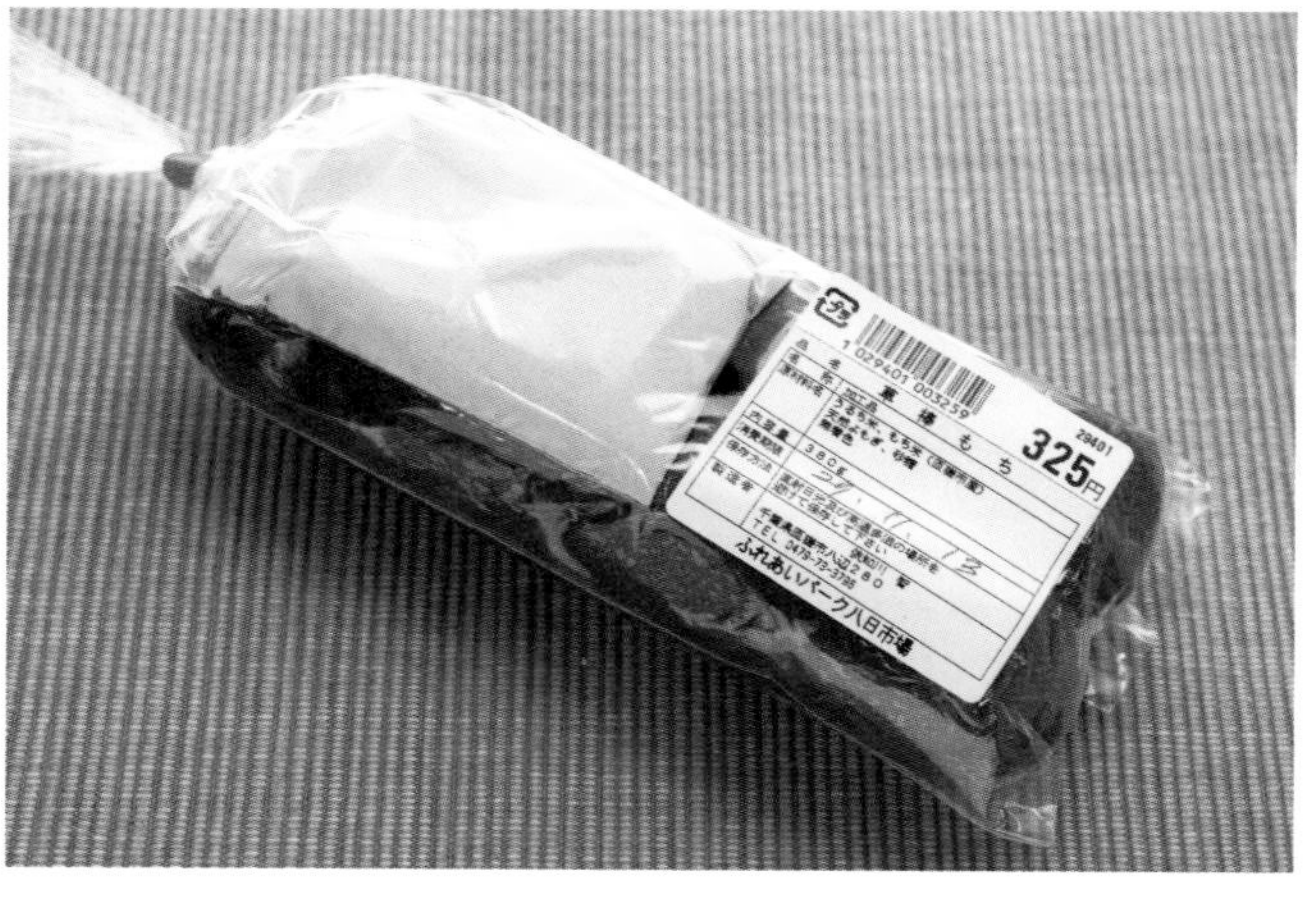

包装したつきぬきもち。棒状のもちが2本入っている。きなこ付きで325円（写真はすべて依田賢吾撮影）

つきぬきもち。切って、きなこをかける。もちもちした食感で、歯切れがよく食べやすい

つきぬきもち の作り方（米3升分）

❶うるち米をよく水洗いし、一晩水に浸し、ボイラーの釜で蒸かす（蒸かす1時間前に水きり）。蒸かす時間は沸騰してから15～20分
❷蒸し米を幅50㎝、長さ70㎝、深さ15㎝の容器に広げ、ぬるま湯（1ℓ前後）に砂糖（15～20g）を溶かしたものをかけ、むらなくかき混ぜる
❸セイロに戻し20分蒸かす。再び容器に広げたところへ、叩いて刻んで人肌くらいに温めたよもぎ（1kg）を入れる。厚手の手袋をつけて、少し力を入れて混ぜる
❹よもぎがむらにならないよう、棒もち用のもちつき機に3回かける。ラップして完成

＊棒もち用のもちつき機とは、穴からもちが棒状に練り出されるもの(モーター式)。部品を換えれば、味噌づくりにも使用可能

新じゃがいもで
モチモチ食感

よもぎのいももち

岐阜●大西真子

春先のよもぎの新芽はさっと塩ゆでし、
水にさらしてアク抜きします。
刻んですり鉢でつぶし、
冷凍すると一年中使えます。
塩ゆで後に乾燥させたものは、
水で戻しても使えるし、
そのままで味も香りもよいお茶になります。
また、じゃがいもに含まれるデンプンは
掘りたてが一番多く、
時間がたつと糖に変わっていきます。
モチモチのいももちを作るには、
新じゃがいもがぴったりです。

（調理・撮影　編集部）

材料（10個分）

新じゃがいも　大2個
片栗粉　大さじ3～4
自然塩　適量
よもぎ　両手に1杯分
油　適量

掘りたてのじゃがいもはデンプンが多いため、
つぶすともちのような食感になる

作り方

❶よもぎを塩ゆでして水にさらし、軽く水分をしぼったら、刻んですり鉢ですりつぶす
❷皮をむいたじゃがいもを一口大に切り、鍋に入れてたっぷり水をはる
❸塩を一つまみ加え、鍋にふたをして中火にかける
❹箸がスッと刺さるくらいやわらかくなったら、一度火を止めて水を捨てたあと、もう一度火にかけて水分をとばす
❺ ❹が冷めたら❶のすり鉢に入れてつぶし、片栗粉と塩を加えてついたりこねたりして、粉っぽさがなくなるまで混ぜる
※熱いうちにつぶすとホクホク食感になり、冷めてからつぶすとねばりけがでてくる
❻一かたまりになるくらいまとまったら、食べやすい大きさに丸めて平らにする
❼温めたフライパンに油を薄くひき、焼き色がつくまで両面をこんがり焼く

台湾風草もち

台湾で春節などに食べる草もちは、
甘い小豆あんのほか、
甘くない具も一般的。
切り干し大根と
さくらえび（台湾では干しえび）の
クセのある風味が、
ほろ苦いよもぎの生地に
意外と合います。

甘い具としょっぱい具、
どちらにも合う春のもち

（小林キユウ撮影、スタイリング・本郷由紀子、調理・編集部）

材料（10 個分）
上新粉　50g
白玉粉　150g
水　180 ～ 200mℓ
よもぎペースト（p25 参照）
　20g（生葉で 50g）
植物油　適量
【具】
あんこ　100g（10 等分して丸める）
惣菜あん
A
　切り干し大根　30g（水で戻す）
　さくらえび　大さじ 1
　醤油　大さじ 1
　みりん　大さじ 1
　切り干し大根の戻し汁　大さじ 3
植物油　適量

作り方
❶惣菜あんを作る。フライパンに油を熱し、A を炒める。煮汁がなくなるまで煮詰める
❷生地を作る。粉を合わせて混ぜ、水を少しずつ入れて耳たぶくらいのやわらかさになるまでこねる
❸ ❷によもぎペーストを加え、全体になじむまでよくこねる
❹生地を 10 等分する。手に油をつけ、生地を丸く平らにのばして具を包む。周囲を薄くすると丸めやすい
❺ 5㎝四方に切ったオーブンシートにもちをのせ、蒸気の上がった蒸し器で 15 ～ 20 分蒸す。
※蒸し器は蓋を布巾などで包み、水滴がもちに落ちないようにする。中華せいろは蒸気が抜けるので、布巾で包む必要はない
（レシピ・編集部）

骨粗しょう症に、疲れに、よもぎジュース

佐賀●吉田勝次

私のよもぎジュース。よく見るとよもぎの粒が少し見える

佐賀県でイチゴを栽培しています。

以前、遊びがてら熊本まで「薬草講座」（農文協読者のつどい）を聞きに行ったのが、村上光太郎先生（52ページ）との運命の出会いでした。以来、薬草でジュースや酒を作って飲むようになりました。

村上先生によると、よもぎはカルシウムが豊富だから骨粗しょう症に抜群の効果があるそうです。妻の骨粗しょう症を改善できたらいいなと思いました。私も歯のインプラント手術をしたばかりで、骨との結合を早めるために骨密度を高めるのにもよさそうでした。

でもよもぎは生で食べるのがいちばんとのこと。そこで味噌汁に入れて飲んでみたのですが、妻がその香りを嫌がるのです。何か香りを消す方法がないか試行錯誤した末、バナナを入れてジュースにしたところ、味にうるさい妻もおいしいと言って飲んでくれています。作らないと催促されるほどです。

ほぼ毎日飲み続けていると、血行がよくなるのか冷え性の妻の手がポカポカになり、私は「骨密度が上がった」と病院で言われました。朝飲むと1日がとてもすがすがしく、疲れません。

材料と作り方

よもぎ　茎ごと４本くらい
バナナ　2/3 本
牛乳　コップ２杯分ほど
クズの花粉　中さじ１杯
ハチミツ・オクラ・ピーマン・トマト・カボチャ　少量ずつ
これらを少しずつジューサーにかけるとできあがり（夫婦２人分）。クズの花粉や野菜はお好みで

2012年農文協読者のつどい「薬草講座」でドクダミをしぼる筆者（左側）

これはええ スポーツドリンク よもぎ・スギナドリンク

愛媛●坂口ゆかり

材料と作り方

よもぎ（5～8本）、スギナ（20～30本）をきれいに洗い、3～4㎝に切り、ミキサーに入れ、ひたひたの水でよく攪拌。ドロドロになったものをザルで濾し、ミキサーに戻し、レモン（1/4個～1/2個）、ハチミツ（大さじ2）、塩（ひとつまみ）を加えて、混ぜてできあがり。

※よもぎは先端7～8㎝、スギナは先端12㎝ぐらいを使う

よもぎを摘む著者（小倉隆人撮影、2枚とも）

主人がよもぎ・スギナドリンクをつくってくれというので、はじめよもぎもスギナも濾さないで、そのまま「食物繊維もとれるか」と思って出すと、「飲みにくい」とのクレーム。自分でも飲んでみると、なるほど、おっしゃる通り。今度は濾してみたところ、「おお、だいぶんええぞ！」。夏場は汗をかくので、「スポーツドリンクのように塩も入れてみ」と主人。「えー、めんどくさい」と思っていると「これはええぞー、疲れがとれるわい！」。そうか、じゃあ仕方ない、「これ飲ませて、いっぱい働いてもらお」と思いました。

でも毎日毎日つくるのはやっぱり面倒。「まっ、いいか」と多めにつくり、ペットボトルに入れて冷蔵庫へ。次の日、「おっ、これもまろやかになってうまいぞ」と主人。しめしめ、これで2～3回分まとめてつくってやろうと、ニヤッ。

ペットボトルに入れた場合は、よーくふってから飲むといいようです。私もファンになりました。おかげで昨年の夏、元気に過ごせました。

よもぎのちょっとイイ話　食べもの編

ほうれん草で、硬くならないよもぎ団子

岡山●平賀義男さん

美咲町にある直売所「やさい畑」の立ち上げ人、平賀義男さんが作るよもぎ団子は1日たってもモチモチやわらか。冬の人気商品です。そのやわらかさの秘密はなんとほうれん草。

ほうれん草1束分は長めに茹でてしんなりしたら、水気を切って下ごしらえ。よもぎのほうもゆでておきます。

自家製の団子粉（もち米7：うるち米3）500gに水を加え、耳たぶくらいの硬さにこねたら、手のひらの大きさにちぎってゆでます。ぷかーっと浮かんだら、ほうれん草やよもぎと、もちつき機で混ぜ合わせ、中にあんこを入れて丸めたらできあがりです。ほうれん草を使うと緑が鮮やかになりますが、味や香りはよもぎに軍配。そこで平賀さん、よもぎもほうれん草の3分の1ほどは入れることにしています。

その名も「ほうれんそう＋ヨモギ団子」。5年間売れ残りなしだそうです。

（文・農文協）

もちつき機いらず炊飯器で作るよもぎもち

奈良●宮本静子さん

天理市の宮本静子さんに一風変わったよもぎもちのマル秘レシピを教えてもらいました。もちつき機はいりません。炊飯器さえあればいつでも簡単に作れます。

まず塩をひとつまみ入れて、もち米5合を炊く。その間によもぎをゆでて（重曹でアク抜き）冷水で何度か洗うと、よもぎが鮮やかな緑色に発色します。ザルにあげて1～2分水を切ったらフードプロセッサーでみじん切り。軽くしぼる。よもぎの汁は、もちの水分調節や手水にとっておきます。炊きあがったもち米とよもぎ（ゴルフボール大3個）をしゃもじでよく混ぜて、温かいうちに丸めてしまってハイ完成！　きな粉やあんこを付けて食べるのがおすすめです。

普通のおもちよりもやわらかくて、翌日でも硬くならないのが大好評。お母さんのおやつのレパートリーに加えてみてはいかがでしょうか。

（文・農文協）

第4章 よもぎで減農薬

よもぎの天恵緑汁でびっくり元気野菜

東京●福田 俊

よもぎと黒砂糖を混ぜて作る。詳しい作り方はp12をご覧ください

天恵緑汁とは新芽のエキスを発酵抽出した植物活性剤

私が「天恵緑汁」を知ったのは1992〜93年の『現代農業』の記事でした。93年の1月号にはその作り方がわかりやすいイラストで解説してありました。

それによると天恵緑汁とは、発酵のもととともいわれ、韓国の自然農業のベースにある発酵を促すもので、豚舎のオガクズや堆肥を菌のすみかにして豚や野菜が健康に育つというものでした。

原料は野に生えるよもぎの新芽と黒砂糖だけ。よもぎの葉にいる土着の微生物とよもぎの中のエキスと黒砂糖の成分が合体してできる不思議な液体です。原料はよもぎが定番ですが、生長点であればほとんどの植物で作ることができます。

記事を見たその春以来、現在まで十数年、毎年欠かさず作り続けています。薬品添加物なしの天然で安全な天恵緑汁は安心して使える植物活性剤です。私にとって天恵緑汁は無農薬栽培のもともといえます。

無農薬なのにこんなにきれい

天恵緑汁の作り方

▼早い時期は濃い良質なものに

天恵緑汁はよもぎの新芽の生長点を使うので、作る時期は春の芽吹きの3〜5月頃が適しています。

早い時期は芽が小さいので大量に採取するには時間がかかりますが、濃い良質のものができます。5月頃になると草丈も長くなるので、お茶のように生長点を手で摘みます。夏でも摘めますが、できあがりの液の量が少なくなります。

よもぎの新芽を摘む時間は夜明け頃の瑞々しいときが最適だといわれていますが、昼間でも大丈夫です。

▼仕込み後、約1週間で完成

作り方は簡単で、摘んだよもぎと粉黒砂糖を交互に瓶に入れていきます。摘んだよもぎは洗ったりせずにそのまま使います。

仕込む容器は、当初はプラスチック容器でやっていましたが、『天恵緑汁のつくり方と使い方』（農文協刊）の本には理想的な容器は瓶か杉の樽と書いてあり、それ以来、瓶に漬け込むようにしています。

黒砂糖の量の基本はよもぎの重さの3分の1ですが、特に計量することもなく一度に粉黒砂糖1袋750gを使い切る程度で問題なくできています。

交互に漬け込んだら、その上に重しをのせます。蓋をして約1週間するとできあがりです。できあがった液は濃い黒褐色で、サイレージの乳酸発酵のような芳香がします。

発酵後は液を抜き取るのですが、EMジャパン製のコック付きのバケツが便利です。瓶から液の抜き取り容器に移し、重しをします。バケツの中の網で濾された液をペットボトルに入れます。

なお、キャップは緩めに閉めます。天恵緑汁は菌が活動していて発酵が進みますから、キャップをきつく閉めると破裂します。液を抜いた粕は堆肥として土に返します。

使い方と効果

▼薄めてかけると作物が元気になる

天恵緑汁は次のような用途に使っています。

①希釈して植物活性剤として散布
②ボカシ肥料を作る発酵のもと
③できたボカシで生ゴミリサイクル

②と③はEM農法の応用でEM菌を天恵緑汁に置き換えたものです（やり方については74ページ参照）。

その効果は作物を元気にし、病気になりにくくします。虫が大発生することもありません。無農薬栽培による安全で美味しい野菜がたくさんとれるの

トンネルの中の野菜に天恵緑汁の希釈液をかける筆者

福田流よもぎ天恵緑汁の使い方

1　植物活性液として

天恵緑汁を50 ～ 100倍に希釈して植物活性液として散布する。作物が元気になり、病気になりにくく、虫も大発生することがない

2　ボカシ肥料の発酵材として

発酵してできたボカシは、元の畑に入れる

ボカシ肥料の材料一例	米ヌカ…4kg 粉黒砂糖…1袋（750g） 魚粉…1.5kg／骨粉…1kg 油粕…2kg／水…1.5 ℓ 天恵緑汁…50 ～ 100mℓ

3　できたボカシで生ゴミリサイクル

生ゴミにボカシを混ぜ合わせ、発酵して出てくる飴色のゴミ汁をペットボトルに抜き取る。ゴミ汁もおいておくと天恵緑汁のような色と匂いになり、天恵緑汁と一緒に散布したり、しぼり粕を堆肥として活用する

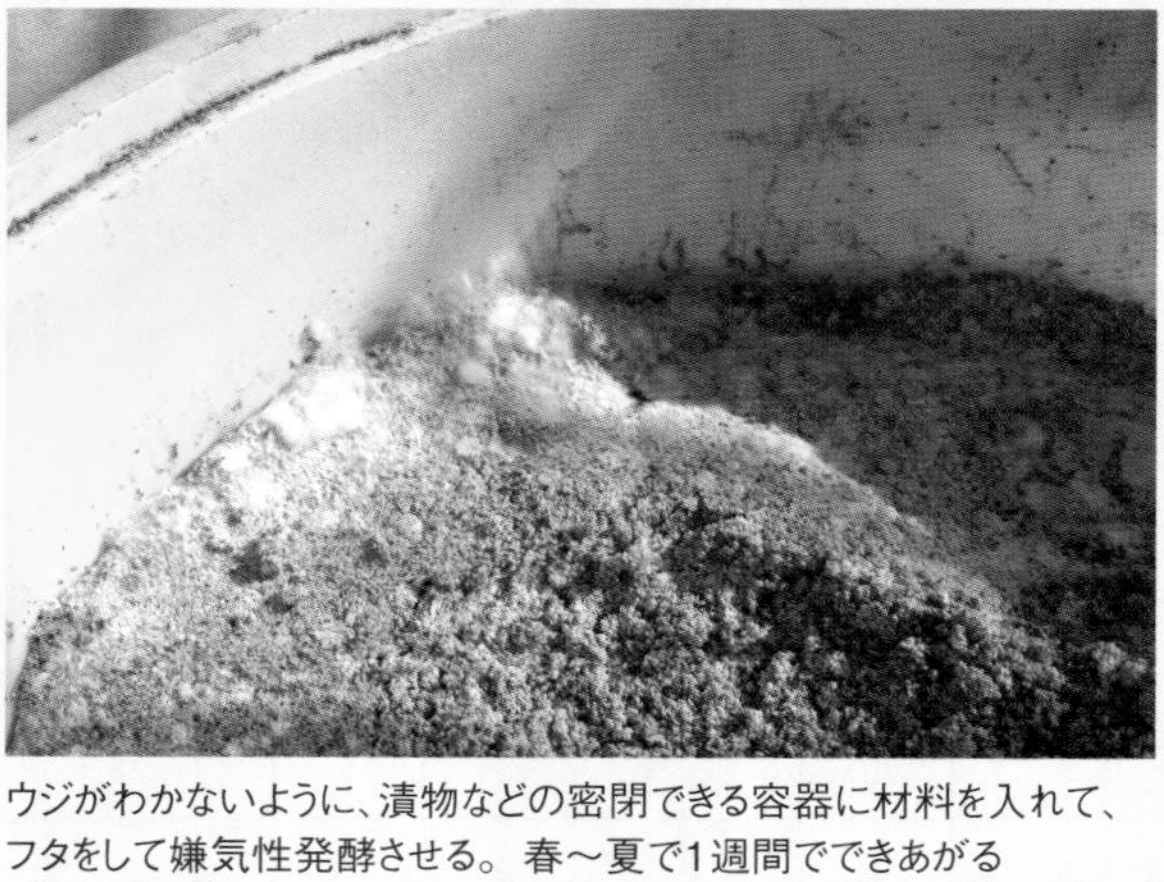

ウジがわかないように、漬物などの密閉できる容器に材料を入れて、フタをして嫌気性発酵させる。春～夏で1週間でできあがる

で、とても健康的です。イチゴやトマトなど果実の糖度も上がります。

野菜には 50～100倍液を散布

天恵緑汁を直接野菜に与えるときは50～100倍に水で薄めてジョウロで野菜の上から散水したり、噴霧器で噴霧します。ゴミ汁液肥も同様に薄めてやります。天恵緑汁とゴミ汁を混合で与えることもできます。

広い面積をやる場合は便利な自動希釈器（ニュースプレックス）に原液を入れホースで水圧をかければ、かん水するように100倍でやることができます。与える頻度は生育の盛んなときには3～4日ごと。多くやっても害はありません。

生ゴミ処理のゴミ汁のしぼり粕は堆肥として畑のウネ立てのときに投入します。また、果菜類などの生育途中に通路へ投入すると通路下まで伸びた根に肥料成分が吸収され、元気に育ちます。そのときは投入後上に土をかぶせます。

ボカシは元肥として1㎡あたり500gを全面散布し、土とよく混ぜ合わせてウネを立てます。育苗中はポットの用土表面にひとつまみやると、かん水とともに肥料成分が溶けて吸収されます。

葉色が淡く、葉ものは生食できる

ボカシ肥料で作った野菜は、化学肥料のものと比べて全般に葉の色が淡いのが特徴です。特にホウレンソウなど葉ものでその傾向が顕著で、食べるとアクが少なく、生でサラダにすることもできます。

天然の原料による天恵緑汁で作る自家製の野菜は、安心して美味しく食べることができます。

スイートコーンだって
こんなにきれい。
実入りもよし

トマトの青枯れが止まった!
よもぎ青汁療法

大分●藤井 哲

よもぎで防除

よもぎにはタンニンやクロロゲン酸、ほかにクマリン類(主にカワラヨモギ)も含まれており、いずれも殺菌、駆虫効果がある。また、ヨウ素、ミネラル、アミノ酸や各種ビタミン、生長ホルモンなどが植物の細胞活性を高め、発根を促して品質向上に貢献。

(参考:農文協刊『植物エキスで防ぐ病気と害虫』)

脱サラしてから有機農業をはじめて25年以上経ちます。梅雨を過ぎたころ、無農薬の家庭菜園を楽しんでいる方たちからよく相談されるのは、トマトなどのナス科作物の青枯れ、立枯れの悩みです。せっかくトマトがとれはじめても、急に先端から萎れはじめて、全体が枯れてしまいます。

私の農場でもトマトは800本ほど植えつけていますので、その対策には苦慮しておりました。そこで思いついたのが、人間は体調を壊すと緊急時に点滴治療をするということです。植物にも同じように、自然界の植物体液を与えたら効果があるのではないかと考えました。

障害の発生する時期に目についたのは、大量に自生していたよもぎでした。これを青汁にして先端が縮れはじめたトマトに施します。あらかじめ根元に作っておいた半径20cm、深さ5cmほどの窪みに、約3分の2流し込みます。そして、残り3分の1を障害が発生している株の両隣の株にも予防のために流し込みます。以前は隣接する株にも次々と立枯れが発生しましたが、この方法で蔓延を防げました。

よもぎ青汁の作り方

❶ 300～400gのよもぎを水と一緒にミキサーにかける

❷ ドロドロになったよもぎ汁に水を足し、合計6～7ℓにする

よもぎ青汁の使い方

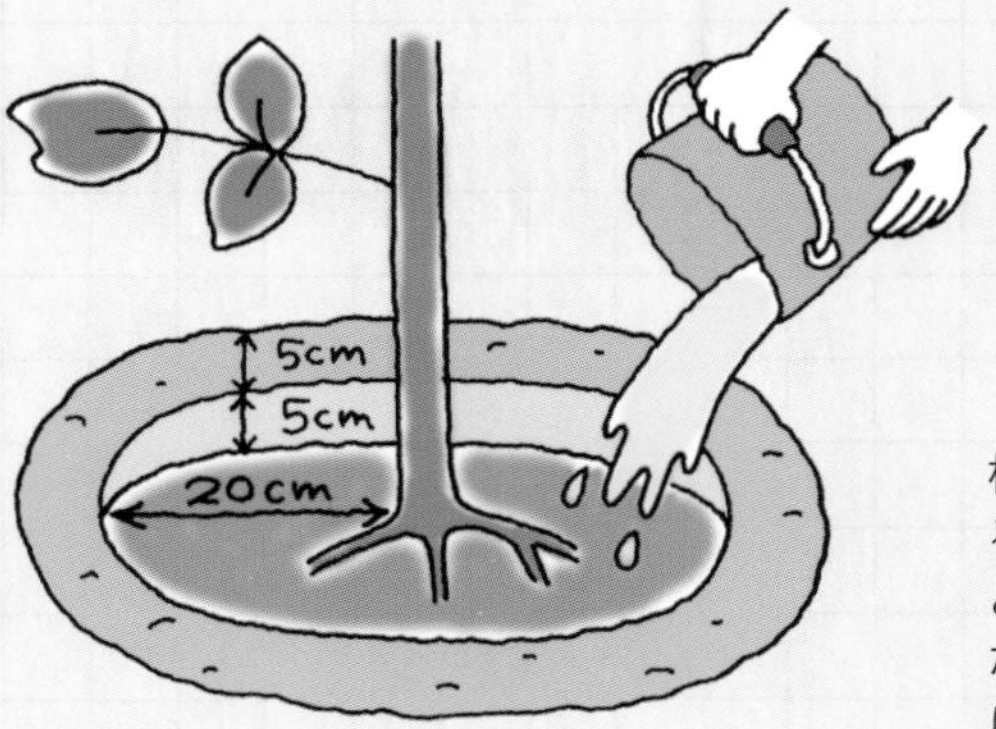

バケツの2/3のよもぎ青汁を病気の出はじめた株元にまく。残りの1/3は両隣の株に

株を中心に半径20㎝、高さ5㎝ほどの穴を掘る。このときトマトの根が見えてもかまわない。どけた土は穴に沿って積んでおく。堤のようになり、よもぎ青汁が外にこぼれない。確実に根に吸わせられる

ただ、一度障害を抑えられても、3週間ほどすると、同じ障害が発生することがあります。もう一度よもぎ青汁療法で対応したところ、二度と同一の障害は発生しませんでした。

注意点としては、この方法は障害発生の初期（先端が少しでも萎れかけているころ）にしか効かないということです。

よもぎ農薬で無病息災のわが家畑に

万葉の昔からの民間薬は土、作物にもよく効く自然なクスリ

●大城　築

よもぎ畑と著者

よもぎが引き出す土と作物の生命力

よもぎは、万葉の時代から人間の自然治癒力を高める民間薬草として愛用されてきたが、近年、人間ばかりでなく土や作物の健康を高める有効な活性物質を豊富にもっていることもわかってきた。よもぎに含まれるヨウ素、ミネラル、アミノ酸や各種ビタミンのほか豊富な生成ホルモンなどの物質が植物の細胞活性を高め、作物の品質向上にも一役買っている。また、よもぎの成分ポリフェノールは抗菌効果や土壌改良効果がある。

私はよもぎの研究・開発を進めるなか、このようなよもぎの各種有効成分に着目し、ヨモギ属の数種からよもぎ農薬を開発した。

この〝よもぎ農薬〟は、あとで述べるように石油など化学製品をいっさい使わないので土や作物にやさしく、その機能や生命力を大きく高めてくれる。

今まで確認された効能として、土に対しては、

①化学的な農薬汚染から土を守り、かつ土壌を殺菌、消毒し活性化する

②有効微生物のエサになり、それを増やす

③土の保水性を高める

などがある。

作物に対しては、

①前ページの土への効果と相まって、発根を促進させ、しまりのある生育を促すので病害虫への抵抗力を高める
②したがって一般の農薬の散布回数や量を大幅に減らせる
③そのようにして丈夫に育つので収穫が早くなり、収量も増える
④収量が増えても中身は濃いので味もよく、かつ鮮度も長持ちする
などがある。

作り方はかんたん——よもぎ農薬3種類

私の開発したよもぎ農薬は、大きく分けて3種類ある。薬草液と薬草粉、それによもぎエキスの3種だ。よもぎエキスは、よもぎ農薬のグレードアップ版で、薬草液や薬草粉に混ぜて使ったり、ときには単独で散布する。

それぞれの作り方や使い方は以下のとおり。

野菜や果樹には薬草液

よもぎ、その他の材料を黒砂糖といっしょに水に漬けて発酵させたもので、作物に直接かけるものとして最もポピュラーな使い方をする。今まで各種果樹や葉根菜に散布し、甘味やコクを増した実績がある。

材料は下に示したように、よもぎを主に、ドクダミ、ビワの葉、セリ、ニンニク、タマネギなど旬のものを補助材料として使う。よもぎを主体に、茎も含め100kgほど用意する。なお、よもぎは各種有効成分の蓄積が最も高い早朝に収穫して使う。

これらを発酵しやすいよう適当な大きさに切って、大きなカメに交互にサンドイッチ状に重ねていく。途中黒砂糖と納豆を適量ずつ振っておく。

サンドイッチ状に積み重ねたら水を入れ、カメを首だけ地上に出して土に埋める。大量に作るときは、持ち運びに苦労しないよう、最初から穴を掘ってカメを入れ、そこに材料を漬け込んでいくのがよい。

漬け終わったらカメを油紙で覆ってひもでしばっておく。

あとは地熱でじっくり発酵させていく。材料がまんべんなく発酵するよう、10日に1回くらい堆肥の切り返しと同じような感覚で混ぜ合わせるとよい。およそ3〜4カ月で発酵よもぎ農

よもぎ薬草液の材料

よもぎ（茎葉）
ドクダミ、ニンニク、
タマネギなど
} よもぎを主体に計 100kg

黒砂糖 1kg
井戸水（または水道水） 10ℓ
納豆 100 ～ 200g

無農薬が望ましいため、よもぎ農薬（大城流自然活性剤）、よもぎ酢、薬草燻炭を散布し、病害虫防除・収量アップをはかっている

● よもぎ酢 ●

よもぎの生薬100gを水1ℓに一晩漬け、玄米酢やこうじを混ぜてカメに入れ、半年以上漬け込んだもの。よもぎ農薬に加えて使う。

● よもぎ牛乳 ●

よもぎの葉を布に包んで容器に入れ、牛乳（加工乳でなく牛乳を使う）を加えて沸騰させ、冷やす。2～5倍に薄めて使う。

よもぎ薬草液を作っている様子

薬（薬草液）の完成となる。

散布するときは５００倍に薄めて使う。なお、この薬草液によもぎ酢を混ぜるとより効果が高い。

土の改善には薬草粉剤

薬草液は主に作物にかけて使うが、こちらは主に土に散布して畑の活性化、酸性土壌の改良等に役立てる。

材料はよもぎをベースに、ドクダミ、ビワの葉など。葉を収集後、1日、天日でしっかり干す。その後、数日～10日間陰干しし、手で握るとパリッとくだけるまで乾燥させる。干し上がったらすり鉢や粉砕機で粉にする。これでできあがり。

畑では、10a当たり２００～４００kgを全面に散布する。土が酸性のばあいや連作障害を防ぐ目的のときは多めに散布するとよい。

よもぎ農薬の極上品＝よもぎエキス

今まで述べた液剤や粉剤のグレードアップ版で、それらに混ぜて使ったり単独で使って高い効果をねらう。

よもぎ、ドクダミ、ビワの乾燥薬を等量ずつ用意し、1～3cmに刻む。倍量の水に入れ、全体が半分になるまでじっくり弱火で煮つめる。約24時間かかる。どろどろの茶褐色に煮つまったら冷やして容器に入れ、ミクロフィルターでろ過する。これでできあがり。よもぎ酢や木酢、竹酢を加えるとより効果の高い自然農薬になる。また、よもぎ牛乳を加えることもある。

このよもぎエキスは濃度が濃いので、単独で使うばあいは気温の高い日中は避け、夕方に散布する。また、ほんの小量ずつ使い、作物の反応をみながら使うようすすめている。

害虫除けによもぎ燻煙など

そのほかよもぎを利用した病害虫対策として次のようなものがある。

- ハウスの中などで乾燥よもぎを燻蒸して煙を出し、酸欠状態にすることによって害虫を追い払う。
- カワラヨモギを畑の周囲に植えると虫が来なくなる。この方法を〝ヨモギワームウッド〟と称している。
- ウドンコ病によもぎ酢20～50倍液、アブラムシによもぎ牛乳２～５倍液が卓効がある。

第5章 よもぎを育てる

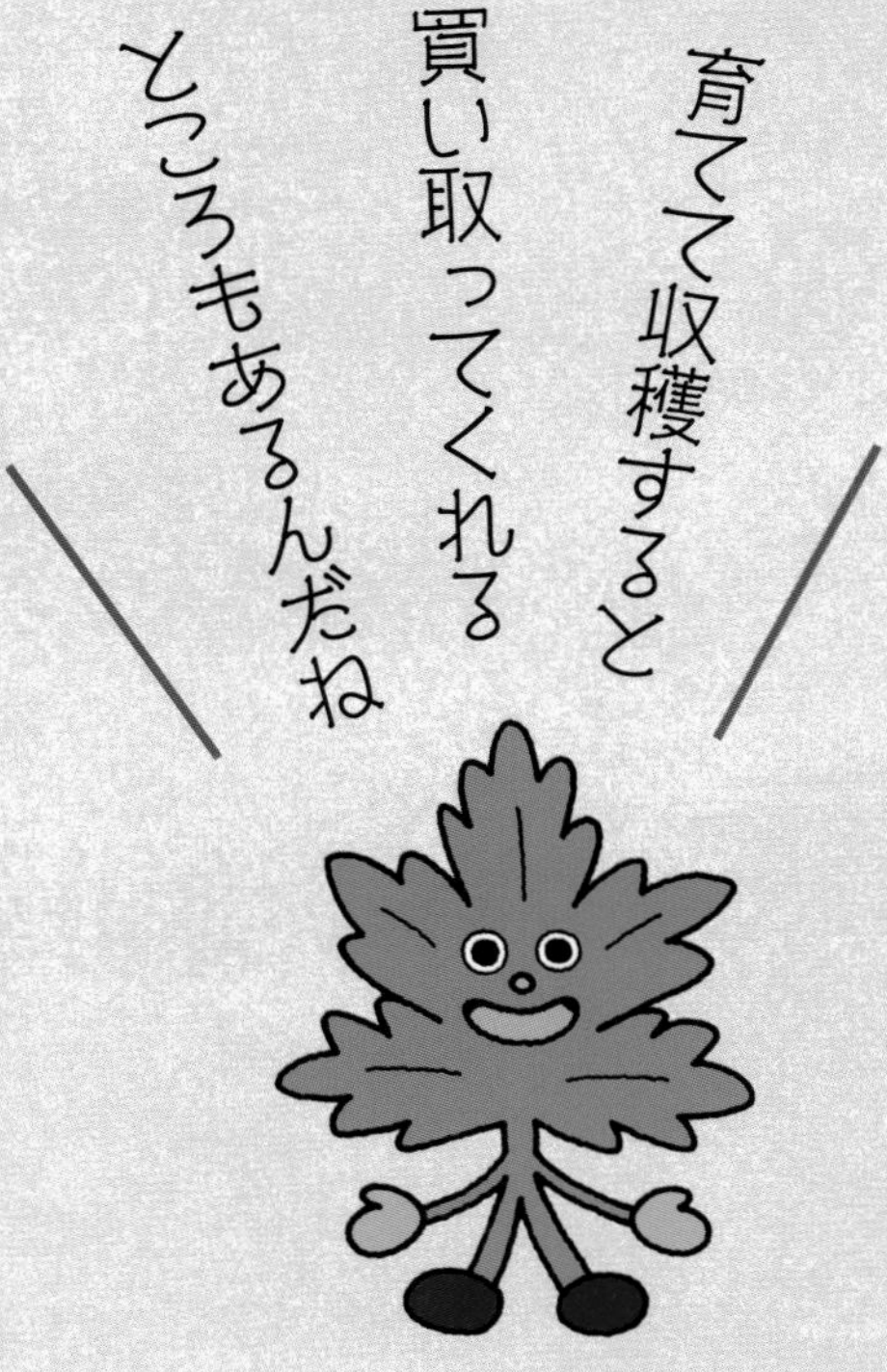
育てて収穫すると
買い取ってくれる
ところもあるんだね

トンネルかければ自生よもぎを2月から収穫できる

岡山●濱田孝一さん

トンネル栽培のよもぎを持って、ニコニコ笑顔の濱田さん。よもぎが増えやすい環境なのか、年々栽培面積が広がっている

よもぎは余裕を持たせて袋に詰める。ぎゅうぎゅうにすると熱がこもり、変色しやすい。レシピ付きで売る

春にその名前を聞いただけでワクワクウズウズ。農家はよもぎが大好き。岡山県美作《みまさか》市の濱田孝一さんは、自然に生えているよもぎにトンネルをかけて、なんと2月20日から収穫を始めている。

年間40品目を栽培するという濱田さんだが、2月は収入の4分の1がよもぎの売り上げだった。近くの道の駅「彩菜茶屋」の直売所で毎回売り切れてしまうほどの人気ぶり。この日は直売所に10袋出し、14時には完売。早出しよもぎはアクがなくて食べやすい。

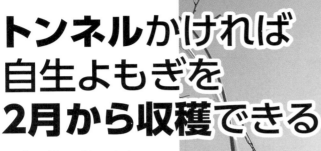

左が濱田さんの促成よもぎ。
右が自然状態のもの。10㎝ほどが収穫の目安

よもぎは果樹畑の下草として生えたもの。傾斜は約25度、南向きでとても日当たりがいい。幅1mのトンネルが全部で4本。長さ5mのものが1本、2.5mが3本

濱田さんのよもぎの育て方

1月上旬　：よもぎが生える斜面の草を刈り、刈り残した雑草の茎やタネをバーナーで焼く。よもぎは地下茎で増えるので、地表を焼けば邪魔な雑草をやっつけられ、燃えカスが黒いので地温が高くなる。1㎡あたりに肥料として鶏糞をスコップ１杯、完熟の牛糞堆肥をマルチ代わりに20ℓ、これらを順番にまく

1月20日頃　：トンネルをかける。霜がおりなくなるまでほとんど閉じたまま。雨の日はかん水の代わりにトンネルを開ける

2月20日頃　：収穫開始。この時期のよもぎはロゼット状（地面にべた～っとひっつくように生える）なので地際で刈る。２回目以降は地際から1㎝を目安に。１カ所でだいたい４～５回収穫できる。道端でよもぎをよく見るようになったら出荷はおしまい

よもぎ娘、年4回収穫で売り上げ65万円を達成

広島●久留飛富士恵

よもぎを収穫する久留飛富士恵さん

今年は3000kg売る!

「私はここをよもぎの里にするんよ」

広島県尾道市の「よもぎ娘」こと、久留飛富士恵さんは、今年で77歳の「娘」である。8反歩の田んぼを持ち、そのうち2反はイネづくりを法人に委託、4反は自分でカキ栽培、残り2反はよもぎ……、よもぎ2反歩!? 経営の一環として本気で栽培しているのだ。

去年は加工したよもぎを1300kgも地元の和菓子屋「山本屋」に販売した。山本屋では1kg500円で買いとってくれるので、ざっと計算すると年間65万円の売り上げである。

「持っていけば即金じゃき、まあ、あんな気持ちいいもんはないよ」

久留飛さん、今年は去年の倍以上の3000kg超えを目指している。これだけあれば、山本屋が年間で使うよもぎを十分まかなえることになる。

「今月(4月)ももう、10万円超えたけえのぉ」

滑り出しは順調である。

よもぎ栽培

地下茎の移植で規模拡大
——よもぎはつくりやすい作物じゃ思うてのぉ

久留飛さんがよもぎを最初に植え付けたのは3年前の春である。山本屋が地元産のよもぎを探していると聞きつけるやいなや、即刻行動開始。まず道路端やアゼに生えているよもぎを鍬で掘り起こす。地下茎を5～6cmの長さに切り分け、それを条間40cm、株間は気にせずポロポロ投げていく。場所は、ダイズをつくるために準備しておいた

畑全面に広がったよもぎを収穫

畑を躊躇なく利用した。

「何遍も、ちいちとちいちと植えたんよ」

その年は5aがやっとで、収穫はテスト程度であった。そこから今の2反歩まで広げたのだ。

やり方は、よもぎが枯れて収穫できない冬（12～2月）に鍬で株を掘り上げて移植。もっと簡単なのは、畑全面に耕耘機をかける方法である。地下茎がズタズタに切れて、地表にも浮いてくるので、それを拾ってまた別の畑に植え付けるのだ。これで、耕耘機を入れた畑からも、地下茎を移植した畑からも、春には新芽が芽吹いて、収穫できるようになる。

年4回収穫、草刈り機で2回更新

——年中ええ葉がとれるんよ

収穫は先端の新芽5枚ぐらいを鎌で刈り取る。第1回目は4月。一度刈ってもまた再生するので、今度は6月に2回目を収穫できる。ただ、この時期は、茎も図太く硬く、しかも丈が伸びているので、収穫後に草刈り機ですべて地際から2cmの高さで刈り取ってしまう。これがいわゆる株の更新となり、また9月と10月にやわらかい芽を収穫できるのだ。そして最後、10～12月に再び草刈り機で株を刈り取り、春に備えるという流れだ。もっともこれは1枚の畑での例なので、よもぎ畑をたくさん持つ久留飛さんは、順々に期間をずらして作業をこなしている。つまり切れめなく収穫が続き「いつもお金が入りよるわけよ」。

労働力は久留飛さんと父ちゃん（ご主人）と、それからお手伝いのおばちゃん。つい先日も、この3人で1日80kg近くの収量を記録した。

除草が一番たいへん

——ほっといたら一面草じゃけえのぉ

よもぎ畑の管理でもっともやっかいなのは、なんといっても除草である。よもぎがはびこって畑を占有すればしめたものだが、移植してすぐは土に光がよく当たり、次々と雑草。きりがないほどである。時間が空きさえすれば三角鍬で土を削り、ときには条間に管理機を入れることもある。

山本屋からも、よもぎ以外の草が入ったらダメと念を押されているのだ。

よもぎの加工手順

❶ 水洗いしたよもぎを茹でる、水100ℓによもぎ8kg、重曹200g。時間は3～5分

※重曹が少ないと色が出ない、多いと重曹の味が残ってしまう。ゆでる時間が短いとペーストにならない、長いと色が抜けてしまう。季節ごとの葉の硬さによって調節

※以前は洗濯ネットによもぎを入れていたが、浮いてくるので押し戻さないといけないし、中まで火が通らなかったので、カゴを特注

❷ ゆで上がったよもぎを扇風機で冷ます

※冷水につけると、色や味が抜けてしまうのでダメ

❸ 人肌くらいになったら、しぼって水気をきる

※何回もギュウギュウやらずに、ちょっと固めにひと絞り

よもぎ加工

納得のいくペーストがなかなかできない

——何度、やめようと思ったか

さて、収穫したよもぎは久留飛さんのところで、茹でてペースト状にしてから、山本屋に持っていく。「むこうはなんぼでも文句いいよる、だけどそれに勝たないかんのよ」とは久留飛さんの冗談だが、実際これまで山本屋との二人三脚で数々の難問を乗り越えてきた。

最も気を遣ったのは、舌触りをよくするために、茎をしっかり刻むこと。そして、粘りを出すこと。よもぎの葉を潰して組織を壊し、色素をふんだんに引き出したいのだ。ものをいうのがペーストにするための機械である。

▼家庭用ミキサー ×

当初は、久留飛さんのうちにある家庭用ミキサーを使用していたので、うまく回るように水を足していた。ただ、これだと仕上がりがベチョベチョすぎて、和菓子の原料としては不適切。そ

こで、よもぎペーストを火にかけて余分な水気を飛ばす工程が追加された。おまけに加熱中は焦がさないようにかき混ぜっぱなしなので、暑いし、手もダルい。しまいには久留飛さん、堪忍袋の緒が切れた。「やめた！　こげんなことせん」。

▼業務用ダイコンおろし機　✕

と、そんな折り、近くに住む息子さんがインターネットのオークションで業務用のダイコンおろし機を買ってくれた。値段も1万円ぐらいで手頃。だが、どうしても「繊維が残る、粘りが出ん」。仕方がないので、機械にかけたあと、すり鉢ですったり、手でもんだり……。「やめた！　こげんなことせん」と、またもや久留飛さん、ヘソを曲げてしまった。

▼業務用ミンチ機　✕

今度も息子さん、インターネットで業務用のミンチ機を4万3000円ぐらいで落札。ただ、これも「よう詰まって、詰まって……」。そのうえ粘りや茎の切断もいまいちなので、網目を替えて3回通すハメに。それでも去年は辛抱した。

▼業務用ミキサー　○

そして今年は遂に久留飛さんも奮発。業務用の高性能ミキサー、40万円以上。茎も粉砕するし、粘りも抜群、山本屋の要望する品質にだいぶ近づいた。

4 2kgずつ、業務用のミキサーに30秒かける。商品名は「BLIXER 5Plus（株式会社エフ・エム・アイ）」

5 ペースト完成。1kgずつ袋に密閉。冷蔵庫か冷凍庫で保存し、定期的に山本屋に持っていく

よもぎ生活

120歳まで健康
——もうよもぎ、よもぎよ

もちろん久留飛さん自身も「よもぎ生活」を思う存分、堪能している。よもぎのしぼり汁を薄めて飲めば「便秘せんけえのぉ」、風呂に入れれば「体ポカポカでぐっすり寝れる、朝まで1回もトイレで起きなくなったよ」、顔を洗えば「ツルツル」。

「私の人生、よもぎさまさまよ。銭ようけ儲けとるし、健康じゃろう。それに、お父さんまで協力してくれるようになって……、毎日楽しいんじゃよ」

じつは父ちゃん、久留飛さんが挑戦するカキ栽培にもよもぎ栽培にも、「忙しい」「儲からん」「ワシはせん」の一点張りだったのだ。それが今や自宅に「人生100歳まで現役で働くぞ」と自筆した色紙を飾るまでになった。そして、その横には「人生120歳まで現役で働くよ」の色紙、文末には「よもぎ娘　久留飛富士恵」のサイン。「120歳まで元気ピンコラサーでいく」そうである。

どこにでもあるよもぎのはずだが、現在、業務で使われているよもぎはほとんど輸入品。自給率はものすごく低い。日本のよもぎを使いたがっている菓子屋さんも多く、自社生産に乗り出す会社も出てきている。写真はオオヨモギ。よくあるカズザキヨモギより葉の切れ込みが深い分、細く感じる（小倉隆人撮影）

よもぎを本気で栽培する

有機肥料もたっぷりやって、年5〜6回収穫1・2tどり

奈良●深吉野よもぎ加工組合

さて、よもぎがそんなにいいのなら、栽培して売ってみたらおもしろいかも、と農家魂がうずく。

そこで、規模は小さいながら、日本で一番きちんとよもぎを栽培・利用し尽くしているのでは？　と思われる奈良県東吉野村・深吉野《みよしの》よもぎ加工組合に聞いてみた。

よもぎ博士曰く「よもぎは手間がかかる作物です」

駅に迎えに来てくれた代表・岡本輝雄さんの軽トラ内は、不思議な芳香にあふれていた。本人は全然気づいていないようだったが、これこそがよもぎの香りなのだろう。よもぎの栽培・加工を始めて約10年、「毎日800ccは飲んでますわ」というよもぎ茶のおかげか、岡本さんはすっかり健康になった。以前は胃腸が弱く、神経痛持ちでガリガリだったそうだが、今はつややかな笑顔の64歳。「疲れ知らずの人」として知られる。

取り組みが始まったのは平成11年。「よもぎ博士」として有名な大城《おおぎ》築《きずく》先生（78ページ）が講演に来てくれたことがきっかけだった。大城先生は「よもぎを栽培するなら、わが子のように手をかけて育てなければなりません」と言ったので、「よもぎごときに手間かけるなんて、とてもできへんわ」という人が大多数だったのだが、村の年寄りの生活支援をしているボランティアグループの女性たちが手を挙げた。「私たちがよもぎをつくれば村中の人が健康になれるかもしれん」。この頃

はまだ農協で営農指導をしていた岡本さんも、いっしょにやることになった。

よもぎ栽培の実際

▼品種は在来オオヨモギ

「せっかくみんなでやるなら」と、竹やススキがボウボウになっている山の中の休耕田を十数人で開墾・整地。土壌分析もして、苦土石灰やＦＴＥなどの微量要素を補った。

　さていよいよよもぎ植えだが、実際のところ、そこらに生えているよもぎは結構いろいろで、どの品種を増やすのがいいのかよくわからなかった。大城先生に葉の形が違う数株を送って見てもらったら、「春先の草もち用だけでなく、夏〜秋までずっと収穫するには、この中のオオヨモギ（ヤマヨモギ）はずっと薬効が高いから」とのこと。

深吉野よもぎ加工組合代表の岡本輝雄さん

　さっそく銘々がオオヨモギの写真を手に持って、村じゅうを散策。掘り上げた株の太根を10㎝くらいの長さに分割。５月初め、10ａに６０００本の根株を植えた。

▼年に5〜6回収穫、そのたびに違う製品に

　1年目はそのまま株養成して、2年目から収穫開始となる。よもぎは刈れば刈るほど伸びる植物。有機質肥料もたっぷりやって（図2）、どんどん刈りながら育てると、45〜50日おき、つまり年に5〜6回は収穫できることがわかった。身体にいいよもぎを春先に草もちにして終わり、じゃもったいない。年間通じていろいろ利用できる。

　現在の「深吉野よもぎ」の刈り方と製品は次のようだ。

5月・6月　標高４５０ｍの畑なので、摘み取りは5月の連休ころから始まる。ハサミで新芽の部分を10㎝ほど（5葉分くらい）。この要領で6月も摘める。

　5月・6月の新芽よもぎはすべて、「乾燥よもぎ」「冷凍よもぎ」「粉末よもぎ」の製品になる。

8月　7月は刈らずに伸ばすと、8月初めには草丈50〜60㎝くらいになるので、今度は茶刈り機で株元から茎ごと刈る。茶農家でもある岡本さんが、茶刈り機を提供しているが、カマボコ型の刃なので真ん中が高く残ってしまうのが悩みの種だ。

　8月のよもぎはすべて「葉茶」になる。

9月　8月の刈り取りが終わったら、刈り払い機で全体をならしておくと、9月中旬には60〜70㎝の丈まで急生長して花をもつ。いよいよ薬効が高まる時期だ。咲いてしまったら効果急減らしいので、直前のつぼみのときに地際から鎌で手刈り。

　これもお茶になるわけだが、商品名は「花穂茶」。高級版だ。

10月　中旬以降、よもぎが30㎝くらいで伸び止まったら、今年最後の刈り取り。このときは茶刈り機を使う。

　陰干しして粉にし、「風呂茶」として販売。

※このほか、1年目の養成中の株は、秋には一度刈ってやったほうがいいので、花穂

茶か風呂茶にする。

▼とにかく、問題は草引き

年間生葉収量は1200kgくらいになるという。刈れば刈るほど伸びるから多収なのだが、ネックになるのは草引き。よもぎが繁っていれば草もあまり生えないが、ひとたび刈って光が当たると、雑草もいっせいに伸びだしてくる。刈ったときに他の草が混じってしまうと選別作業が大変――というわけで、日々の仕事はとにかく草引き。刈り取り前は特に毎回きれーいにしなくてはならない。大城先生が「わが子のように手をかけて」といった意味はこれだったのだなーと、思い知る瞬間だ。

病害虫はほとんどつかない。もちろん無農薬栽培だが、一度だけ、よく発酵していない鶏糞を入れたときに大きいアブラムシがついて、なかなかしつこかったことがあった。困った岡本さんは、よもぎを煮出した汁を原液で散布してみたところ、見事に忌避効果を発揮してアブラムシが消えたそうだ。

山の中の畑だが、サルはよもぎを食べない。が、シカは平気で食べるので、まわりの柵は必要だ。

▼2年更新のやり方

一度植えた株は2年収穫したら更新する。根が畑中いっぱいになってしまうと、だんだん葉が小さくなるからだ。大きいしっかりした葉のほうが、収量も栄養価も高い。

秋、よもぎが休眠に入ってきた11月、トラクタで株ごと全面耕耘。根は10cmくらいにちぎれるので、それを拾って隣の畑に植え替える。拾いきらずに残った根もあるが、春先に萌芽したころにもう一度耕耘してやればもう生えてこない。

一時は30aまで規模拡大した「深吉野よもぎ」だが、今は、2枚の畑を交互に使いながら、毎年10aずつ作付けている。面積は小さくても、視察に来た人たちが舌を巻くくらいきっちり管理しきるのが方針だ。

よもぎで村の医療費が下がる!?

当初、よもぎの栽培と聞いて多くの人が「よもぎなんて、どこにでもあるやん」と笑った。「よもぎ茶なんて、いつでもできるわ、そんなもん」と言われた岡本さん、「ほんなら、してみ」と言いたかった。よもぎが身体にいいのはみんな何となく知ってはいるが、実際に利用するのはせいぜい春先の草もち止まり。毎日本気でよもぎとつきあい、恩恵を存分にいただいていた人など、村内には一人もいなかったはずだ。

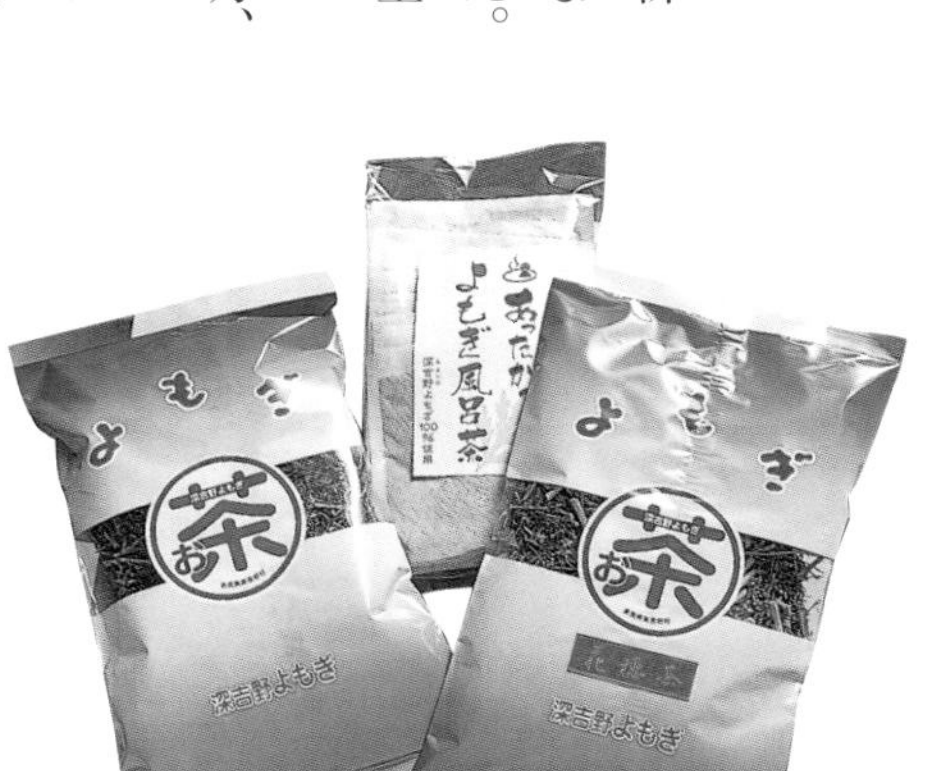

左から、よもぎ葉茶（100g入り550円）、風呂茶（11パック入り900円）、花穂茶（100g入り750円）

が、最近は「飲み続けてたら便秘がようなった」「神経痛がなくなった」「娘の生理痛が治った」「夜中にシーツが真っ赤になるくらい掻いていた孫のアトピーが消えた」「花粉症が出んよ」などの話が聞かれるようになり、村の人の暮らしにだんだんよもぎ茶が入ってきているようなのだ。

人口約２７００人、村の95％が林野である過疎・高齢の村。岡本さんがよもぎ栽培に取り組み始めたのは、そもそも村の人たちみんなに健康でいてほしかったからだ。よもぎで村の医療費が下がったら、これほど嬉しいことはない。少しずつ、夢が叶いつつある。

「深吉野よもぎ」の畑は主に3人の母ちゃんが管理する。奥の背の高いものが養成株。7月の畑（小倉隆人撮影）
ちなみに自生よもぎだと、1日に1人2 ～ 3kgしか摘み取りできないが、栽培よもぎだと13kgくらい摘み取れるというデータがあるそうだ（ハサミ使用の場合）。あちこち探し回らずともこんなふうに一面に生えそろっているからだ

図1　よもぎの植え付け

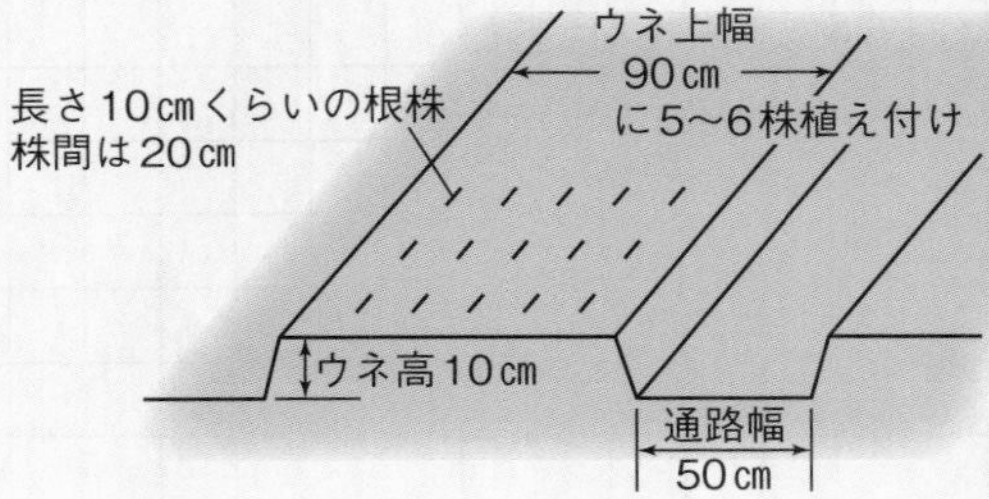
ウネ上幅
90㎝
に5～6株植え付け
長さ10㎝くらいの根株
株間は20㎝
ウネ高10㎝
通路幅
50㎝

10a 6000本、植え付けは左図のように行なうが、根は縦横無尽に伸びるので、翌年はどうしても通路からも芽が出てきてしまう

図2　よもぎの施肥

3月上旬	油粕８袋、発酵鶏糞８袋
7月	油粕８袋、発酵鶏糞８袋、BMようりん４袋
9月	油粕８袋
11月（礼肥）	油粕８袋、魚粕４袋、BMようりん４袋

▶発酵鶏糞はケイ酸や天然ゴム漿液などが入ったこだわりのもの。
▶刈り取り後、もしくは生育途中でも構わずよもぎの上へまく。化学肥料ほどチッソ濃度が高くないので、葉焼けなどしない。雨が多い地域なので吸収もよい。
▶全体として、かなり多肥である。が、虫も病気もつかないということは、チッソ過多になっていないということ。
▶微量要素欠乏にならぬよう気をつけている。BM陽りんを入れないと、顕著に葉が赤くなる。

耕作放棄地によもぎ

文・写真●小寺春樹

最初に手がけた田んぼ。よもぎ畑に再生

古くから薬草の宝庫として知られる伊吹山の麓で、よもぎなどの薬草を栽培・加工して販売するNPO法人山菜の里いびの実践です。(編集部)

Q なぜよもぎ?

獣害に強く、地元で古くから活用されている薬草だからです。

じつは、スタート当時は山菜ブームだったのでワラビやフキ、タラの木などを植えました。しかしタラの木は2年目にはシカに食べられて全滅。ショックでした。そこで獣害を避けられる作物はないか、NPOのメンバーたちと半年間ほど野山を探し歩き、目をつけたのが自生よもぎでした。

もともと春日地区は「伊吹薬草文化の地」であり、よもぎの食べ方、調理方法、保存方法を知る高齢者が多く、いずれ商品開発等するときに、そうした高齢者に活躍する場を設けることができ、雇用にも繋がると考えました。

また、現在国内で使われているよもぎは90%以上が輸入品であり、ちょっとでも国産を増やしたいという思いもありました。

Q 再生したのはどんな場所? 必要だった機械や労働力は?

最初に手がけた場所は、10年以上耕作されていない田んぼ3枚、計15aでした。

巨大なススキが繁茂し、人の手だけではとても再生できない状態。岐阜大の学生や県職員、一般ボランティアさんにも手伝ってもらいながら、鎌や草刈り機でまずは刈れるだけ地上部を刈りました。その後、地元の土建業者に依頼し、灌木やススキの根株を小型バックホーで取り除きました。

この作業を終えたのは11月。刈り草や根株はしばらく放置して乾燥させ、最後は消防署に許可をもらって野焼き、灰は肥料としてそのまますき込みました。

再生作業は週末などを利用して計5日間ほど、のべ200人が参加しました。重機のリース代などは、県の「耕作放棄地活用モデル事業」の補助金を活用しました。

Q よもぎ栽培のコツは？

よもぎは地下茎で育つ多年草で、植えた翌年から収穫でき、3年ほどは草の管理だけですみます。地下茎が混み合うと収量が落ちるのでその後は株の更新が必要です。

最初は、自生よもぎを1000株ほど掘り出してきて、再生した農地に植え替えました。その後は株分けして増やしています。岐阜薬科大学の先生に品種を調べてもらいましたが、オオヨモギともカワラヨモギとも違うとのことで、単に「よもぎ」としています。

肥料も農薬も必要ありませんが、草刈りが大変です。ウネ間の通路にはマルチを敷くなどの雑草対策をしていますが、株間の草取りはすべて手作業。NPOのメンバーのほか、県の揖斐農林事務所の方にも手伝っていただいています。

耕作放棄地再生への道のり

2007 ●地域住民で任意団体「山菜の里いび」を設立。山菜のブランド化を目指し、耕作放棄地 15a を再生

2009 ●「NPO法人 山菜の里いび」を設立。シカの食害で全滅したタラの木の跡地8aでよもぎ栽培を始める

2010 ●5月、よもぎを初収穫。地元和菓子屋への販売、お茶加工を始める

2011 ●「田舎暮らしビジネス創出支援事業」を活用。耕作放棄地再生と薬草・山菜のブランド化による地域活性化を目指す

2013 ●岐阜県産業技術センターの指導にて高品質よもぎの選抜試験スタート

●6次産業課認定をうけ、入浴剤や化粧品などの試作品づくりを実施

●菓子材料を扱う商社に冷凍よもぎの販売を始める

2014 ●揖斐川町古屋地区の耕作放棄地を再生。多様な薬草を育て、商品化を目指す「信長の薬草園再生プロジェクト」を開始

2015 ●よもぎ栽培面積 50a、収穫量 2t を達成

植え付け前の圃場。収穫時に腰をかがめなくてもすむように、高さ20～30㎝ほどのウネを立てる

収穫は春から秋にかけて年に3回。食用は50㎝ほどに育った株の新芽のあたりを5㎝ほど、1枚1枚手で摘み取ります。

毎年耕作放棄地を少しずつよもぎ畑に変えており、現在は50aほどになりました。年間の収量は合計約2t。最近では需要が増えてきて収量のアップが課題となっており、今後は株の更新をこれまでより早い2年程度のスパンで行なう予定です。

2年目にはやはりシカに食べられるようになってしまいましたが、現在はワイヤーメッシュとシカ除けネットでほぼ防ぐことができています。今のところサルによる被害はありません。

Q 収穫後の処理方法。どこに売る？

食用に摘み取ったよもぎは町から借りている加工所へ持ち込み、雑草などとの選別後、水洗いをして、重曹を入れた湯でゆであげます。

よもぎの色と香りを損なわないようゆで時間には気を使っています。地元で長年よもぎを活用しているお母さんたちが担当していますが、季節やよもぎの状態によって調整しているそうです。

ゆでたあとは、さらにもう一度1枚1枚めくって異物検査して、色の悪いものは除きます。最後に1kgずつパックに詰め、NPOの事務所にある冷凍庫で冷凍保存します。

植え付け後の様子。雑草対策にマルチを敷く

これらは、主に地元の和菓子屋さんに販売をしています。また、和菓子屋さんから話を聞き連絡をくれた菓子材料の商社さんとも3年前から取引をはじめ、毎年大量に購入していただいています。「少量でも色や香りがとてもよく出る」と好評価です。

ほかに、地元の障がい者施設に加工委託して粉末にしたものは、洋菓子店、うどんのメーカー、パン屋に。NPOメンバーが持っている乾燥機でつくるよもぎ茶は、地元の道の駅や土産物店等に置いています。

よもぎ加工品。左からよもぎ入浴剤、よもぎ粉、よもぎ茶

食用には向かない伸びすぎた葉や茎は乾燥させ、入浴剤として商品化しています。

Q 加工などの設備にかかったおカネは？

加工設備は一切購入していません。ゆでる際には大きな鍋などが必要ですが、町の加工所のもので十分です。冷凍庫も廃校となった学校のものを頂きましたので、初期投資はほとんど不要でした。

また、なるべく地元におカネが落ちるようにしようと考えていたので、大きな機械類を購入するより地元の人や施設に委託するようにしています。

しかし今後生産量が増え、新たな加工設備や冷凍庫が必要になれば、ある程度の設備投資も考えています。

耕作放棄地を再生しながら、よもぎの自給率もアップ！

NPO法人 山菜の里いび　http://www.npo-ibi.jp/

掲載記事初出一覧（発行年と月号のみの記載は現代農業）

よもぎの魅力

健康　よもぎ座布団で腰痛が治っちゃった！
……2020年7月号
草もち　ふわっふわの草もちでお客さんを獲得
……2008年5月号
減農薬　よもぎ天恵緑汁で減農薬野菜づくり
……2008年5月号

第1章　よもぎの摘み方・下処理

よもぎはこんな植物です……2021年12月号
絵解き　どんな草？　よもぎ……2008年5月号
よもぎ摘み入門……うかたま2020年春号
……うかたま2022年春号
よもぎ保存のコツ……2008年5月号
……2020年8月号

第2章　よもぎで健康に

よもぎ座布団で脊柱管狭窄症を克服、禁煙にも成功
……2019年7月号
鑓さんのよもぎ座布団、試してみました
……2020年7月号
よもぎ座布団、愛用者拡大中……2022年4月号
身体の痛いところに、車酔いに　よもぎマフラー
……2008年5月号
……2007年5月号
もぐさのお灸……うかたま2018年夏号
冷え性が治った　よもぎ蒸し……2008年5月号
お風呂に乾燥よもぎ……2008年5月号
これぞ極楽、よもぎ・スギナ・ビワの葉湯
……2013年5月号
よもぎオイルでお肌しっとり、赤ちゃんにも
……2021年5月号
足のむくみにカワラヨモギ茶が効く…2012年9月号
目が良くなる!?　よもぎのタネ茶…2012年11月号
虫歯にもよもぎ……2001年8月号
夏の帽子の中によもぎを……2008年9月号
よもぎ酒でセキとおさらば……2006年11月号
よもぎの煙で痔が治る!?……1992年9月号

第3章　よもぎでおいしく

生よもぎの味噌汁……2008年5月号
よもぎの佃煮……2010年5月号
ふーちばーじゅーしー……うかたま2018年夏号
草もちを作ろう……うかたま2020年春号
4日たっても硬くならない草もち……2015年3月号
ふわっふわの草もちの作り方……2008年5月号
つきぬきもちが人気……2016年3月号
よもぎのいももち……のらのら2017年3月号
台湾風草もち……うかたま2022年春号
骨粗しょう症に、疲れに、よもぎジュース
……2013年5月号
よもぎ・スギナドリンク……2009年7月号
ほうれん草で、硬くならないよもぎ団子
……2018年2月号
もちつき機いらず　炊飯器で作るよもぎもち
……2012年6月号

第4章　よもぎで減農薬

天恵緑汁でびっくり元気野菜……2008年5月号
トマトの青枯れが止まった！　よもぎ青汁療法
……2009年6月号
よもぎ農薬で無病息災のわが家畑に　2001年6月号

第5章　よもぎを育てる

トンネルかければ自生よもぎを2月から収穫できる
……2013年5月号
よもぎ娘、年4回収穫で売り上げ65万円を達成
……2010年7月号
よもぎを本気で栽培する……2008年5月号
耕作放棄地によもぎ……季刊地域27号

本書は『別冊 現代農業』2023年4月号を単行本化したものです。

※執筆者・取材対象者の住所・姓名・所属先・年齢等は記事掲載時のものです。

撮　影
五十嵐公
小倉かよ
小倉隆人
倉持正実
黒澤義教
小林キユウ
依田賢吾

カバーデザイン
高坂　均

カバーイラスト
アルファ・デザイン

本文デザイン
川又美智子

本文イラスト
市村幸子
金井　登
久郷博子
こうま・すう
阪本卓志
角　慎作
高橋伸樹
戸田さちえ
堀口よう子
アルファ・デザイン

農家が教える
よもぎづくし
よもぎ座布団・よもぎ蒸し・草もち・よもぎ栽培・減農薬

2024年1月30日　第1刷発行

農文協　編

発行所　一般社団法人　農山漁村文化協会
郵便番号 335-0022 埼玉県戸田市上戸田2丁目2-2
電話 048(233)9351(営業)　048(233)9355(編集)
FAX 048(299)2812　振替 00120-3-144478
URL https://www.ruralnet.or.jp/

ISBN978-4-540-23142-1　DTP製作／農文協プロダクション
〈検印廃止〉　印刷・製本／TOPPAN㈱
ⓒ農山漁村文化協会 2024
Printed in Japan　定価はカバーに表示
乱丁・落丁本はお取りかえいたします。